2021.08.13.

전기차와 여러분의 미래는 밝습니다!

전기차 상식사전

전기차 상식사전

지은이 정우덕
펴낸이 임상진
펴낸곳 (주)넥서스

초판 1쇄 발행 2021년 8월 25일
초판 3쇄 발행 2023년 4월 20일

출판신고 1992년 4월 3일 제311-2002-2호
주소 10880 경기도 파주시 지목로 5
전화 (02)330-5500 팩스 (02)330-5555

ISBN 979-11-6683-133-1 03550

www.nexusbook.com

ELECTRIC CAR

전기차 사용자를 위한 필수 가이드

전기차 상식사전

정우덕 지음

넥서스BOOKS

차례

| 2장 | 전기자동차 충전기 개념 잡기

| 3장 | 전기자동차 충전 실전에 도전하기

| 4장 | 전기자동차 똑똑하게 타고 다니기

| 5장 | 전기자동차의 이모저모 살펴보기

서문

구조와 원리가 상대적으로 단순한 전기자동차는 내연기관 차량보다도 수십 년 앞서 개발되었고, 1900년대 초까지 인기를 끌었습니다. 하지만 내연기관 기술과 기반 환경이 20세기 초 비약적으로 발전하면서 전기자동차는 사람들의 관심에서 100년 가까이 뒷전으로 밀렸습니다.

그래서 전기자동차가 21세기 들어 화려한 복귀전을 펼치고 있지만, 아직 사람들은 낯설어합니다. 당장 전기자동차를 사보고 싶거나, 아니면 사놓기는 했는데 어떻게 타면 잘 탄다고 소문이 날까 고민인 분들이 많습니다. 당장 실전 공략을 원하는 분들이 게시판이나 동호회에 수많은 질문을 올립니다.

저 또한 전기자동차를 구매하고 같은 고민과 궁금증을 가지면서 해답을 찾아 헤맸습니다. 그리고 그렇게 찾은 답을 공유하면서 국내외 전기자동차 동호회에 3년간 16,000여 개가 넘는 글과 답변을 달아보게 되었습니다. 이 책은 그 내용을 정리한 결과물입니다.

보편적으로 매우 궁금해하는 주제를 중심으로 엮었으므로, 전기자동차의 이론적 전문 서적보다는 실용적인 지침서로 생각해주시기 바랍니다. 그럼 여러분의 행복한 전기자동차 생활에 보탬이 되기를 바랍니다.

정우덕

ELECTRIC
CAR

1장

전기자동차 잘 골라서 사기

전기자동차라고 말하는 것의 정체

전기자동차는 간단히 말해서 "전기"로 움직이는 "자동차"로, 휘발유나 경유 같은 화석연료를 내연기관에서 연소시켜 동력을 얻는 일반 차량과 구분됩니다. 영어로는 **Electric Vehicle**(EV)로 부릅니다. 그런데 EV가 들어가는 차량의 종류가 여러 가지 있습니다. 정리해 보면 다음과 같습니다.

내연기관 차량을 뜻하는 ICEV는 Internal Combustion Engine Vehicle의 약자이므로 여기의 EV는 전기와 무관합니다. 나머지 종류는 동력장치에 전기모터가 들어가기 때문에 EV는 전기자동차를 뜻하는 것이 맞습니다.

내연기관과 전기모터를 모두 쓰는 차량은 "복합적"이라는 것을 의미하는 **하이브리드**(HEV: Hybrid Electric Vehicle)로 분류합니다. 일반

차량 명칭	동력장치	에너지	
		저장 위치	보충 방법
내연기관 차량(ICEV)	내연 기관	연료 탱크	연료 주입
하이브리드(HEV)			
플러그인 하이브리드(PHEV)			
배터리 전기자동차(BEV)	전기모터	배터리	배터리 충전
수소연료전지 전기자동차(HFCEV)		수소	수소 주입

적인 하이브리드에서 전기모터는 내연기관을 보조하는 역할이고, 감속할 때 회수하는 에너지를 저장할 수 있을 만한 작은 배터리만 탑재되어 있습니다.

전기모터가 내연기관과 동등한 지위에 있는 하이브리드는 **플러그인 하이브리드**(PHEV: Plug-in Hybrid Electric Vehicle)로 분류합니다. 여기에 들어간 전기모터는 단독으로 사용할 수 있을 만큼 강하고, 이를 뒷받침하기 위해 배터리의 용량도 제법 큰 편입니다. 주행 중 회수되는 에너지만으로 이 배터리를 충전하기에는 너무 크기 때문에, 별도의 충전구도 탑재합니다.

하지만 하이브리드는 여전히 내연기관을 품고 있어서 흔히 말하는 전기자동차와는 거리가 있습니다. 내연기관의 힘을 전혀 빌리지 않고 전기모터만으로 움직이는 차량이 바로 **순수 전기자동차**입니다. 매연을 발생하지 않아 우리나라에서 유일하게 1급 저공해자동차로 분류합니다. 전기모터로 장거리 주행할 수 있도록 전기 에너지를 많이 저장했다 꺼내 쓸 수 있는 장치가 필요한데, 이것을 저렴하게 만들기가

아이오닉 일렉트릭의 전기모터

플러그인 하이브리드인 GM Volt가 충전 중인 모습

수소연료전지 전기자동차의 얼개 - 가운데가 연료전지 스택

어려웠기에 중간 단계로 하이브리드가 개발된 것입니다.

순수 전기자동차에 공급할 전기를 저장하는 방법은 크게 두 가지로 나뉩니다. 하나는 **배터리**를 쓰는 것이고, 다른 하나는 **수소**를 쓰는 것입니다. 배터리는 음극과 양극 재료 사이의 화학반응으로 전기를 저장하거나 방출하며, 이 장치를 유일한 에너지 저장소로 쓰는 차량이 **배터리 전기자동차**(Battery Electric Vehicle)입니다. 흔히 전기자동차라고 불리는 것, 그리고 이 책에서 다루게 되는 차량의 정체가 바로 이것입니다.

수소(Hydrogen)가 연료전지(Fuel Cell)를 거치면서 산소와 반응하면 물과 전기로 바뀝니다. 이 원리를 적용한 차량을 **수소연료전지 전기자동차**(HFCEV: Hydrogen Fuel Cell Electric Vehicle)라고 하며, 줄여서 수소차나 수소전기차라고 합니다. 연료전지는 물과 전기를 수소로 되돌릴 수 없으므로 주행 중 회수되는 에너지는 하이브리드처럼 별도의 작은 배터리에 저장됩니다.

수소를 배터리 대신 전기의 저장 수단으로 사용하려고 한 것은 배터리보다 쉽게 긴 주행거리를 갈 수 있으면서(600km 이상) 훨씬 빠르게(5~10분) 충전할 수 있기 때문입니다. 그러나 연료전지의 수명이나 비용 문제가 있고 수소 충전 시설 확충이 어려운 등 그 나름대로 문제점이 있습니다.

인기 질문 1 하이브리드가 나을까요, 플러그인이 나을까요?

순수 전기자동차를 구매하기 부담스러운 분들은 하이브리드를 고려하기도 하는데, 충전이 가능한 플러그인 하이브리드와 회생제동만 가능한 하이브리드 중 어느 것이 좋은지 고민하는 분이 계십니다. 그래서 일단 각 차량 형태에 대해 살펴보겠습니다.

플러그인 하이브리드(PHEV, Plug-in Hybrid Electric Vehicle)는 플러그를 꽂아도 배터리 충전이 되고 주행 중에 회생제동을 해도 배터리가 충전되는 차량입니다. 충전 관점에서는 순수 전기자동차와 같은데, 플러그를 꽂아서 충전하기 위해서는 배터리가 작지 않아야 합니다. 그래서 5~10kWh 정도는 탑재합니다. 예를 들어 아이오닉 PHEV에는 8.9kWh의 배터리가 내장되어 있습니다. 그리고 충전된 전력으로 모터 단독 운행을 할 수 있도록 하이브리드보다 강력한 모터가 탑재됩니다.

반면에 일반 **하이브리드(HEV, Hybrid Electric Vehicle)**에 들어가는 배터리는 회생제동 에너지를 보관할 정도만 있으면 되고 따로 외부 충전을 받아들이지 않습니다. 그래서 배터리 용량은 2kWh 미만인 것이 일반적입니다. 예를 들어 아이오닉 하이브리드에는 1.56kWh밖에 들어 있지 않습니다. 전기 모터는 회생제동으로 모은 에너지를 내연기관 작동에 보조하는 목적으로 사용되기 때문에 그리 강하지 않습니다.

하이브리드는 일반 차량과 유사하지만, 회생제동을 활용해서 효율 저하를 완화한다는 것이 강점입니다. 반면에 플러그인 하이브리드는 단거리를 전기차처럼 사용하고 (완전 충전 후 배터리만으로 40~80km 주행 가능) 장거리를 일반 하이브리드처럼 사용한다는 측면이 강합니다.

어느 것이 더 효율적인지는 원활하게 충전을 할 수 있는 환경이냐에 달려 있습니다. 플러그인 하이브리드는 배터리와 모터가 더 크고 무거우므로 별도로 충전하지 않고 일반 하이브리드처럼 타고 다니면 효율 면에서 다소 불리할 수 있습니다. 하지만 충전을 항상 잘 할 수 있다면 하이브리드보다 화석연료를 덜 소비하게 됩니다.

전기자동차는 정말 좋은 것일까?

과거보다 선택의 폭도 늘어나고 세간의 관심도 늘어나면서 전기자동차를 기존의 내연기관 차량 대신 구매할까 생각하는 분이 점점 늘어나고 있습니다. 그런데 전기를 에너지로 쓴다는 것만으로 여러 가지가 바뀌기 때문에 기존에 차를 타고 다니면서 가졌던 기대치나 고정관념에서 벗어나야 합니다.

때로는 생각보다 좋을 수도 있고, 예상외로 난감할 수도 있습니다. 전기자동차의 세계에 본격적으로 뛰어들기 전에 미리 동전의 양면을 살펴보도록 하겠습니다.

경제성

자동차를 사서 타고 다니는 데에는 돈이 많이 들어가기 때문에 경제성을 따지는 일이 많습니다. 여기서 전기자동차가 주목받는 것은 총소유비용(TCO, Total Cost of Ownership) 관점에서 볼 때, 비싸게 구매하더라도 저렴하게 타고 다니면서 상쇄할 수 있다는 시각 때문입니다.

먼저 전기자동차의 가격을 생각해보겠습니다. 가격의 상당 부분을 차지하는 것은 배터리입니다. 이것만 제외하면, 부품의 수가 적고 복잡도가 낮은 전기자동차는 내연기관 차량에 비해 저렴하고 쉽게 만들 수 있습니다. 실제로 GM이 볼트EV를 2017년 미국에서 $37,500(약 4,240만 원)에 팔 때 배터리가 $15,700(약 1,780만 원), 즉 전체의 40% 이상을 차지했습니다.

돌려 말하면 지금까지 전기자동차가 비싼 이유는 배터리 때문이고, 가격이 내려가려면 배터리 기술이 발전해야 한다는 뜻이기도 합니다. 2010년경 전기자동차 보급 본격화와 동시에 보조금 제도가 도입된 것도 배터리 비용을 상쇄하기 위한 목적이 컸습니다. 2013년 경차 레이EV의 판매가격이 일반 경차의 3배인 3,500만 원이었으므로 보조금 없이는 보급이 힘들었을 것입니다.

다만 보조금이 동급의 내연기관 차량과 비슷한 수준이 될 정도까지 지급되지는 않는 것이 일반적입니다. 앞서 예로 든 레이EV는 당시 1,500만 원의 보조금을 받았음에도 일반 버전보다 2배 비쌌고, 요즘

차종	내연기관	하이브리드	전기	
			보조금 전	보조금 후
기아 니로	–	2,439만 원	4,590만 원	3,390만 원
현대 코나	1,962만 원	2,365만 원	4,690만 원	3,490만 원
푸조 2008	3,278만 원	–	4,640만 원	3,732만 원

출처: 제조사 홈페이지 내 차량 소개와 카탈로그, 2021년 초 기본 트림 기준
보조금: 2021년 상반기 서울특별시 기준

팔리는 차종도 보조금 지급 후 가격이 동급의 내연기관 차량보다 1천만 원 안팎 더 비싼 편입니다.

다행히 배터리 가격은 해를 거듭할수록 계속 떨어지고 있습니다. 완성된 팩 기준의 가격을 보면 2017년에 2013년의 3분의 1 수준으로 내려앉았고 2020년에 이르러 2017년의 약 60%, 2013년의 5분의 1 정도가 되었습니다. 배터리 수요가 늘고 연구가 집중되면서 이 추이는 당분간 계속될 것입니다.

배터리 팩 조립 가격(하늘색)과 셀 생산 가격(파란색)의 가중평균 추이

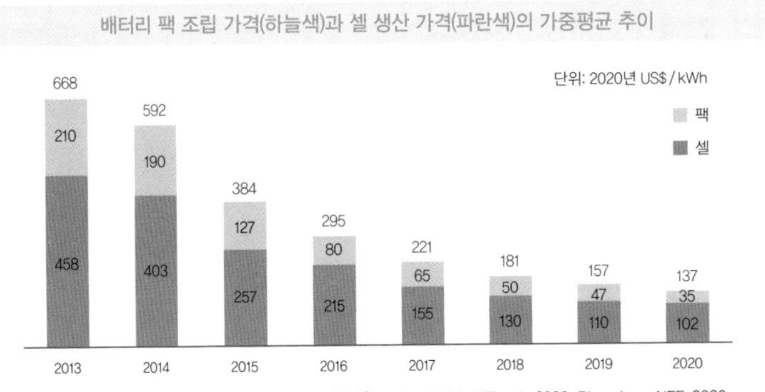

출처: Battery Pack Prices Cited Below $100/kWh for the First Time in 2020, Bloomberg NEF, 2020

물론 대당 보조금 규모가 이런 기술 발전을 고려하여 서서히 줄어들고 있는 것 또한 사실입니다. 게다가 기술적 여유가 늘어나면서 차체가 커지고 주행거리가 늘어난 차종이 확대되고 있습니다. 그래서 대중적으로 널리 팔리는 전기자동차의 실구매가격이 단기적으로 정체되거나 소폭 증가하는 경향이 있습니다.

그러나 소형~준중형 차량만 한정해서 본다면 가격 하락 움직임이 감지되고 있습니다. 쉐보레 볼트EV는 2022년형을 국내 출시하면서 가격을 전년 대비 463만 원(같은 트림과 비교하면 684만 원) 내렸습니다. 그리고 준중형 SUV인 벤츠 EQA의 2021년 국내 출시 가격이 기본 트림 기준으로 동급의 내연기관 차량인 GLA와 불과 730만 원밖에 차이 나지 않습니다. 이는 보조금을 받으면 GLA보다 저렴해지는 것을 의미해서 많은 주목을 받았는데, 장기적으로는 보조금 없이도 전기자동차가 가격경쟁력이 있을 것이라는 예측에 힘을 실어줍니다.

한편, 유지비용 측면에서는 전기자동차가 꾸준히 우위를 점하고 있어서 많은 분에게 구매 동기를 제공하고 있습니다. 여기에는 충전(연료) 비용과 정비 비용이 포함되는데, 일상적인 정비는 내연기관 차량보다 신경 쓰거나 투자해야 할 비용이 많이 줄어듭니다. 주행용 고압 배터리 또한 요즘 나오는 차량은 수명이 길어서 대부분 추가 비용이 들지 않습니다(자세한 내용은 4장 "배터리를 둘러싼 궁금증 파헤치기", "소모품과 액세서리 관리하기"를 읽어보시면 됩니다).

충전 비용은 상황이 약간 복잡합니다. 2017년부터 2019년까지 3년간 한시적으로 "충전 특례요금 제도"가 운영되면서 충전요금이 대폭

차종	휘발유	경유	하이브리드	플러그인		전기
	km/L				km/kWh	
현대 아이오닉	–	–	22.4	20.5	5.5	6.3
현대 코나	13.9	17.5	19.3	–	–	5.6
기아 니로	–	–	19.5	18.6	5.1	5.3
기아 셀토스	12.7	17.1	–	–	–	–
쌍용 티볼리	12.5	15.2	–	–	–	–
토요타 프리우스	–	–	22.4	21.4	6.4	–
푸조 2008	–	17.1	–	–	–	4.3

출처: 제조사 홈페이지 내 차량 소개와 카탈로그, 15~16인치 휠, 2WD 기본 트림 기준

할인되었는데, 전기자동차의 경제성을 높이는 효과를 거뒀습니다. 그러나 기간 만료 후 6개월의 유예기간을 거쳐 2022년 7월까지 단계적으로 원래 요금으로 돌아가게 되었습니다(자세한 내용은 3장 "충전요금의 모든 것"을 참고하시기 바랍니다).

이렇게 요금이 원래대로 부과되면 상대적으로 연료 비용이 저렴한 것으로 알려진 하이브리드나 경유 차량의 연료 비용과 비교했을 때 경쟁력이 있을지 궁금해질 수 있습니다. 그래서 널리 팔린 소형 SUV나 해치백 전기자동차와 동급의 차량을 기준으로 비교해보겠습니다. 우선 연료별 공인 연비를 살펴보면 다음과 같습니다.

휘발유 차량은 13.0km/L, 경유 차량은 16.7km/L, 하이브리드는 20.9km/L, 전기는 5.38km/kWh 정도입니다. 플러그인 하이브리드는 연료+전기 운전에서 일반 하이브리드와 비슷하고 전기 전용 운전에서 전기자동차와 비슷합니다. 연비 운전을 하면 하이브리드로

단위: 유류 km/L, 전기 km/kWh

종류	휘발유	경유	전기(비공용 경부하)		전기(공용 급속)	
			특례	정상	특례	정상
금액	1,476.3	1,284.8	40.2	107.9	173.8	347.2

출처: 대한석유협회(2015~2020년 평균), 한국전력, 환경부
비공용 요금은 전 계절 가중평균에 부가요금, 부가세, 전력기금 포함
특례 요금은 2020년 상반기, 정상 요금은 2023년 1분기 기준

30km/L 이상 나오거나 전기자동차로 10km/kWh 나올 수도 있으나, 객관적인 비교를 위해 공인 수치를 기준으로 했습니다. 그리고 연료별 금액은 표와 같습니다.

이것을 앞서 본 차량 종류별 연비에 대입하여 계산해보면 서로 비교할 수 있는 기준인 단위 거리당 비용을 얻을 수 있습니다.

경부하 시간대(2022년까지 23시~09시, 2023년부터 22시~08시)에 비공용 충전기를 사용할 수 있는 전기자동차는 특례요금 적용 여부에 상관없이 화석연료를 쓰는 차량을 압도하는 경제성이 있습니다. 그리고 비교적 단가가 비싼 공용 급속 충전기를 특례요금 종료 후 사용하더라도 하이브리드보다 여전히 경제적입니다. 물론 차이가 크게 좁혀지므로 충전요금 할인 혜택을 적극적으로 사용하는 것이 좋습니다(3

단위: 원/km

휘발유	경유	하이브리드	전기(비공용 경부하)		전기(공용 급속)	
			특례	정상	특례	정상
113.3	76.8	70.6	7.5	20.1	32.3	64.5

장 "결제 카드의 모든 것" 단원에 주요 카드가 안내되어 있습니다).

전기자동차의 경제성을 종합해보면, 차량 구매 가격은 아직 비교적 높은 편이지만 큰 틀에서 내려가는 추세이며, 충전 비용은 충전요금 정상화 이후에도 경제성이 유지되고, 기타 유지비용 또한 내연기관 차량보다 적게 든다고 할 수 있습니다.

매연 감소

내연기관 차량의 주 에너지원은 화석연료이고, 여기에 저장된 에너지를 사용하려면 내연기관을 가동해야 합니다. 차량 운행 중에는 공조 장치나 전자장치도 작동해야 하므로 주행하지 않더라도 동력기관(엔진)이 저속으로 계속 도는 공회전 상태로 두는 경우가 많습니다. 그런데 시동 건 채로 한 자리에 계속 머물면 매연이 쌓이다 보니 공회전하는 시간이나 장소를 법적으로 제한하는 경우가 많습니다.

이 측면에서 전기자동차는 상당히 유리합니다. 차량에 저장된 에너지는 배터리에서 직접 나와 공조 장치나 전자장치를 작동시킬 수 있으므로 주행 상태가 아닐 때는 동력기관(모터)이 멈춰 있습니다. 즉, 공회전이 일어나지 않고 그만큼 에너지를 아끼는데, 시내 주행 연비를 높이는 데 이바지합니다(4장 "효율적인 운전을 위해 알아야 할 것" 참조). 게다가 주행 여부에 상관없이 매연이 전혀 발생하지 않아 주변의 대기환경을 오염시키지 않습니다.

정차 중에 매연을 발생시키지 않고 이것저것 할 수 있다는 점은 최

기아 EV6 뒷좌석에 설치된 V2L 콘센트

근 “차박”, 즉 차량에서 숙박이나 캠핑하는 행위가 인기를 얻으면서 전기자동차의 장점으로 주목받고 있습니다. 소음이나 탁한 공기 없이도 차량이 하나의 거대한 발전기 역할을 하면서 여러 캠핑 관련 장비를 작동시킬 수 있어 일반 차량보다 쾌적하게 하룻밤을 묵을 수 있기 때문입니다. 일부 제조사는 이 점에 주목하여 V2L(Vehicle to Load, 전기차 배터리의 전력을 외부로 끌어다 사용하는 기술)과 같은 편의 기능을 추가하고 있기도 합니다.

에너지 효율

일각에서는 전기자동차가 사용하는 전기는 화석연료로 생산하고 여러 단계를 거치기 때문에 전체적으로 효율이 떨어져 내연기관 차량보다 매연을 더 발생시키지 않겠냐는 의심을 합니다. 그런데 이것은 사실이 아닙니다.

종류	Well-to-Tank				Tank-to-Wheel	Well-to-Wheel
	원료	연료생산	공급/배전	소매	차량 효율	최종 효율
가솔린 기관	석유	86%	98%	99%	30%	25%
	석탄	40%				12%
	천연가스*	94%	93%	90%		24%
디젤 기관	석유	84%	98%	99%	35%	29%
	석탄	40%				14%
	천연가스	63%				21%
전기 모터 (배터리)	석유	51%	90%		68%	31%
	석탄	50%				30%
	천연가스	58%				35%
	신재생	100%				61%

출처: A portfolio of power-trains for Europe: a fact-based analysis, 유럽연합, 2010

* CNG로 생산·공급하는 경우

종류	Well-to-Tank	Tank-to-Wheel	Well-to-Wheel
내연기관	86%	16%	14%
하이브리드	86%	27%	23%
배터리 전기차	36%	80%	28%

출처: Hassan Moghbelli et al., New generation of passenger vehicles: FCV or HEV?, IEEE International Conference on Industrial Technology, 2006

최근 개발된 내연기관은 최대 열효율이 40~50%에 달하기도 합니다만, 주행 속도나 여건이 수시로 변하면서 항상 최고의 효율을 내기가 어렵습니다. 그래서 실질적인 효율은 20~30% 정도에 머물게 됩니다. 반면, 대형 발전소는 50% 안팎의 효율로 꾸준히 전기를 생산하

구분	내연기관	하이브리드	전기자동차
충전 손실	0%	0%	10%
동력기관 손실	68~72%	65~69%	20%
동력 전달 손실	5~6%	3~5%	
전자장치 사용	0~2%	0~3%	0~4%
보조장치 사용	4~6%	4~6%	4%
회생제동	0%	-5~-9%	-17%
최종 전달동력	16~25%	24~38%	86~90%

출처: Where the Energy Goes, https://www.fueleconomy.gov/, 2021
* 반올림 때문에 합이 정확하게 100%가 되지 않음

고 있고 송전과 배전에서 발생하는 손실은 그리 크지 않습니다. 그리고 전기모터는 80~90%의 매우 높은 효율로 동작합니다. 이렇게 어림짐작해봐도 전기자동차가 우위에 있어 보이는데, 관련 연구 결과를 자세히 살펴보겠습니다.

Well-to-Tank는 1차 에너지원인 원료가 가공되어 자동차의 에너지 저장 장치인 연료 탱크나 배터리까지 도달하는 과정의 효율입니다. Tank-to-Wheel은 이 에너지로 동력기관(내연기관이나 전기모터)을 가동해 동력 전달 장치(drivetrain)를 통해 바퀴를 굴리는 과정까지의 효율입니다. 둘을 종합적으로 보면 원료에서 바퀴에 이르기까지의 최종 효율인 Well-to-Wheel이 됩니다. Tank-to-Wheel은 미국 에너지부의 분석과 IEEE에 발표된 결과가 비슷한데, 전기자동차가 압도적으로 우수합니다.

이렇듯 화석연료에서 출발하더라도 최종 효율은 전기자동차가 앞서고 있다는 것이 중론입니다. 그러므로 이에 따른 매연이나 온실가스 배출량도 종합적으로 덜 나옵니다. 게다가 대부분의 대형 화석연료 발전소는 도심에서 떨어져 있습니다. 전기자동차 보급이 인구 밀집 지역의 매연 문제를 개선하는 해법 중 하나로 활용되고 있는 이유가 여기에 있습니다.

주행 특성

전기모터는 내연기관과 힘을 내는 특성이 크게 다른데, 동력기관의 핵심 제원인 토크(torque)와 일률(power)을 보면 알 수 있습니다.

토크는 우리말로 회전력, 즉 물체를 돌리는 힘입니다. 토크가 셀수록 더 빠르게 돌릴 수 있습니다. 즉, 차량이 빠르게 가속하고자 한다면 토크가 강력한 동력기관을 탑재한 차량이 유리합니다. 1N의 힘을 회전축에서 1m 떨어져 수직으로 가했다는 뜻인 N·m(뉴턴-미터)이 공식 단위이나 kgf·m(킬로그램힘-미터 = 9.8N·m이며 kg·m로 줄여 표기하기도 함)도 널리 씁니다.

일률(출력)은 주어진 시간에 얼마나 많은 일을 했는지 나타내는 값으로, 사용하는 에너지(일)를 시간으로 나눈 것과 같습니다. 무거운 차체를 끌고 원하는 속도가 나올 때까지 일해야 하므로 최고 속도와 관련이 있습니다. 차량에서는 전통적으로 마력(horsepower = 0.746kW)을 단위로 사용했으나, 요즘은 kW(킬로와트)나 ps(미터마력 = 75kgf·m/s = 0.736kW)를 주로 씁니다.

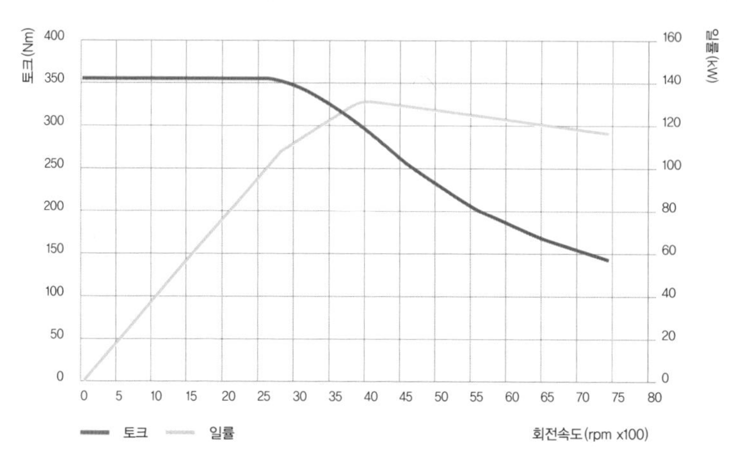

출처: Jinming Liu et al., Design of the Chevrolet Bolt EV Propulsion System, SAE International Journal of Alternate Powertrains, Vol.5, No.1, 2016

* 최종 생산 전 값으로, 실제보다 다소 낮게 나옴

둘 사이의 관계는 다음과 같습니다.

- **일률(kW) = 2π × 토크(N · m) × 회전속도(rpm) / 60(초/분)**

즉, 토크와 회전속도를 곱한 값에 일률이 비례합니다. 이제 전기모터와 내연기관의 토크와 일률 곡선의 사례를 보면서 비교해보겠습니다.

전기모터의 토크는 시작부터 최대이며, 넓은 범위에서 지속되다가 일률이 한계에 가까워져야 비로소 떨어지기 시작합니다. 앞서 본 공식에서처럼, 최대 일률에 도달하면 회전속도가 올라감에 따라 토크

쉐보레 콜벳 2015 6.2L V8 LT4 엔진 특성

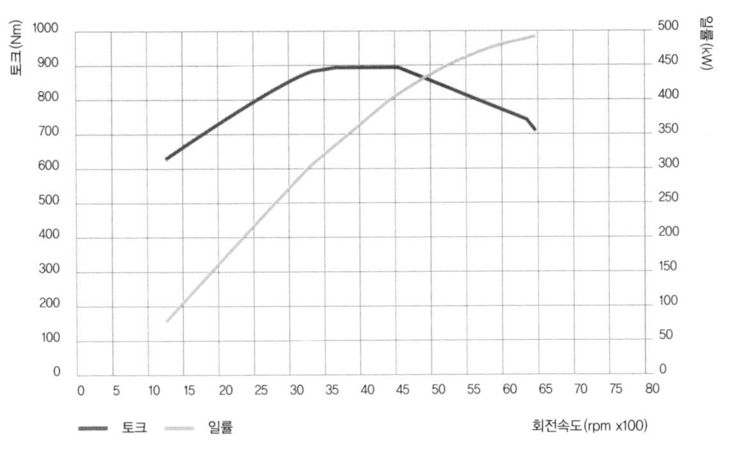

출처: 2015 Corvette Z06 Rated at 650 Horsepower, https://media.chevrolet.com/, 2014

변속기로 보완하는 내연기관의 좁은 최적 토크 구간

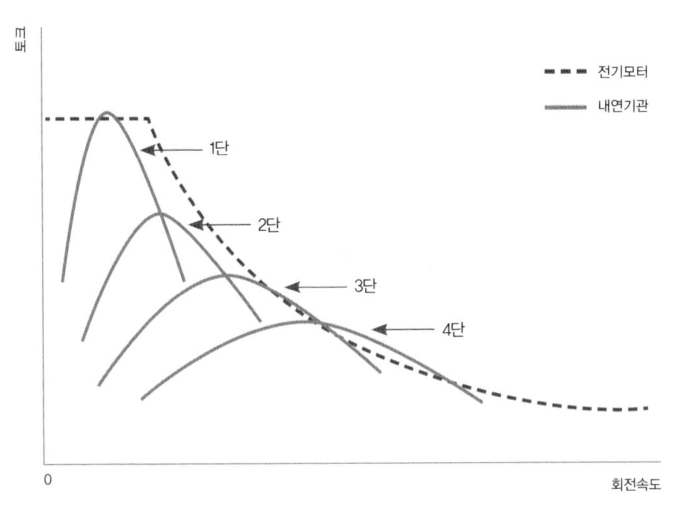

출처: Ronghui Zhang et al., Novel Electronic Braking System Design for EVs Based on Constrained Nonlinear Hierarchical Control, Int'l Journal of Automotive Technology, Vol.18, No.4, 2017

가 반비례하기 때문입니다.

반면에 내연기관의 토크는 출발에 약했다가 중간 정도의 회전속도에서 최대가 된 뒤 다시 떨어져서 최적 구간이 좁습니다. 그래서 폭넓은 속도 구간에서 높은 토크를 내기 위해서는 변속기를 써야 합니다. 역으로 말하면 전기모터는 변속기의 필요성이 적으며, 실제로 초고속 주행을 내세우는 차량을 제외하고 변속기 대신 1단으로 고정된 "감속기"만 탑재합니다.

한편, 토크가 초반부터 최대라는 것은 곧 전기자동차의 초반 가속 능력이 우수한 것으로 이어집니다. 게다가 모터는 부피가 작아도 내연기관보다 상대적으로 큰 토크와 일률을 낼 수 있습니다. 그래서 소형 SUV 정도만 되어도 고성능 모터를 탑재하여 이른바 제로백(속도를 0에서 100km/h까지 올리는 데 걸리는 시간)을 줄이기 쉽고, 반응이 빨라 경쾌하게 운전할 수 있게 할 수 있습니다.

이뿐 아니라, 연료를 폭발시켜 힘을 얻는 과정에서 필연적으로 발생하는 내연기관의 진동과 소리를 전기모터에서는 느낄 수 없습니다. 그래서 전기자동차는 속도에 상관없이 동력기관이 일으키는 떨림과 소음이 거의 없어 비슷한 차급의 내연기관 차량보다 쾌적합니다. 오히려 도로, 바람 등에 의한 것이 더 잘 느껴집니다.

동력기관이 단순하고 진동이 적다는 것은 내구성이나 정비 면에서도 긍정적인 효과가 있습니다. 실제로 전기자동차는 내연기관보다 관리해야 하는 소모품 수가 적어 유지보수 비용이 줄어들 수 있으며(4장 "소모품과 액세서리 관리하기" 참조) 전기모터도 정상적인 조건에서 폐차 때까지 교체가 필요 없는 것으로 봅니다. 테슬라는 2018년에 모델3의 모터가 160만 km 주행 후에도 멀쩡한 것을 자랑한 적도 있습니다. 배터리 수명 또한 최근 출시되는 차종은 큰 문제가 되지 않습니다(4장 "배터리를 둘러싼 궁금증 파헤치기" 단원 참조).

종합적으로 정리해보면, 전기자동차의 주행 특성은 내연기관 차량보다 전반적으로 우수하게 제작되기 유리합니다. 전기자동차 시장 확대의 일등 공신 역할을 한 테슬라 모터스가 초반부터 차량을 고성능으로 설계하여 판매에 집중한 것도 전기자동차의 매력을 쉽게 드러내어 비싼 가격을 정당화할 수 있었기 때문으로 보입니다.

충전 환경과 속도

충전과 관련된 걱정이나 불편은 아직 전기자동차의 큰 숙제로 남아 있는 부분입니다. 이 쟁점은 크게 두 가지 차원에서 생각해봐야 할 필요가 있습니다. 하나는 충전할 장소가 충분한가, 다른 하나는 충전 속도가 불편하지 않은가로 볼 수 있습니다.

충전할 장소를 논하려면 먼저 기존의 주유소와 LPG 충전소의 수를 전기자동차 충전소의 수와 함께 비교해보아야 합니다. 현재 휘발유나 디젤 자동차를 타는 사람들은 주유소가 부족하다고 느끼기 힘듭니다. LPG 충전소는 그에 비해 훨씬 적지만, 그럭저럭 이용되고 있습니다. 이에 비해 전기자동차 충전소의 수는 매우 부족하지 않을까 하고 생각하기 쉬운데, 반은 맞고 반은 틀립니다.

구분	화석연료		전기(공용)	
	휘발유/디젤	LPG	급속 충전	완속 충전
장소 수	11,369	2,041	8,563	20,450
합계	13,410		29,013	

자료 출처_주유소 수: 오피넷 2020.12.31. 자료, 지앤이타임즈에서 확인
LPG 충전소 수: 한국가스안전공사 2020.08.24. 자료, 공공데이터포털에서 확인
전기 충전소 수: 환경부 저공해차 통합누리집(http://www.ev.or.kr/) 2021.07.31. 자료

수년간 환경부에서 적극적으로 충전기 설치를 지원한 결과, 공용 충전소의 수만 놓고 보면 2021년 들어 이미 내연기관용 주유/충전 장소의 2배나 있습니다. 특히 이동 중 빠르게 충전할 때 필요한 급속 충전소의 수는 주유소 수에 근접해가고 있을 정도입니다. 하지만 아직 부족한 측면은 있습니다.

전국에 설치된 완속 충전기의 수는 62,349대로 한 충전소에 3.0대꼴이며, 급속 충전기는 13,046대가 있어 충전소당 1.5대가 있는 셈입니다. 그런데 완속 충전기는 한 번 충전하는 데 몇 시간이나 걸리고 급속 충전기도 30분~1시간 정도는 사용해야 합니다. 이렇게 주유소보다 점유시간이 긴 점을 생각하면 장소당 제공되는 충전기 수는 아직 넉넉하지 않은 편입니다. 관리가 제때 되지 않아 고장이 나면 충전소 한 군데가 송두리째 무용지물이 되기도 합니다.

그래서 실제로 전기자동차를 타고 다니는 사람들 사이에서는 이미 있는 충전소가 잘 관리되고 설비가 확충되거나 충전기의 속도가 상향되기를 바라는 의견이 많이 나옵니다. 충전소에 도착하면 제때 꽂

고 빨리 충전한 뒤 갈 수 있길 바라기 때문입니다.

만약 전기자동차를 새로 구매하려고 한다면, 거주지나 근무지의 충전 환경을 미리 잘 따져보는 것이 좋습니다. 충분한 여건을 갖추는 것이 편안한 전기차 생활의 지름길이므로 충전기 설치를 적극적으로 고려해보시거나 공용 충전소를 잘 활용할 수 있도록 준비하는 것을 권장합니다. 이 책의 3장 내용이 도움이 될 것입니다.

충전 속도의 사정은 자동차와 충전소가 복합적으로 얽혀 있습니다. 자동차 쪽은 배터리가 관건인데, 급속도로 충전이나 방전하면 내부에 스트레스와 변형이 발생하기 쉬워져 수명이 짧아집니다. 그래서 아무리 충전기가 빨라도 차량은 설계된 수준의 충전 속도까지만 받아들이며, 아직 주유소에서 연료를 채우는 것보다 많은 시간이 필요합니다. 다행히 충전 속도를 단축한 차량이 차츰 등장하고 있는데, 자세한 내용은 다음 단원에서 다룹니다.

충전소 쪽은 전기를 전력망에서 끌어들일 수 있는 정도를 늘리기가 쉽지 않고, 높은 전력을 내보낼 수 있는 설비일수록 비싸고 복잡해지는 점이 발목을 잡습니다. 최근 설치되는 충전기 중 가장 빠른 것이 250~300kW급인데, 이것은 주택 100세대 또는 17층에 6열인 아파트 한 동에서 모두가 동시에 최고 수준으로 쓸 전기를 차 한 대에 쏟아붓는 것과 같습니다. 원한다고 손쉽게 초급속 충전기를 들일 수 없는 것입니다.

기술이 발전하면서 이런 문제는 점차 원만하게 해결할 방법을 찾게 되겠지만, 당분간은 전기자동차를 빠르게 충전한다고 해도 최적 조건에서 20분, 일반 조건에서 40분 정도는 걸리는 것을 예상하는 것이 좋습니다.

전기자동차는 이렇게 다양한 면모를 가진 제품입니다. 환경을 생각한다면 필요하고, 유지비용도 저렴하며, 주행의 즐거움을 선사하기에도 좋은 기본기를 가지고 있습니다. 하지만 충전하기 까다로운 점을 견뎌내야 하기도 합니다. 만약 이것을 모두 받아들일 준비가 되었다면, 다음 단원으로 넘겨보시기를 바랍니다.

구매하기 전
알아야 할 핵심 제원

자동차를 구매할 때 따져봐야 하는 요소는 다양합니다. 외관, 실내 공간, 편의 옵션, 안전성, 정비 편의성 등 대부분은 본인의 취향이나 요구사항에 따라 결정하면 됩니다. 하지만 몇몇 부분은 일반 내연기관 차량과 전기자동차 사이에 큰 차이가 있습니다. 그리고 이것 때문에 많은 분이 결정의 벽에 부딪힙니다.

그래서 제일 먼저, 일반 차량에서 보기 힘들거나 잘 쓰이지 않는 전기자동차의 주요 제원에 대해서 기본 정리를 해드리겠습니다. 보셔야 할 것은 크게 4가지입니다.

- 1회 충전 주행거리(km)
- 배터리 용량(kWh)
- 연비(km/kWh)
- 충전 속도(kW)

이 제원은 서로 얽혀 있기도 하지만, 차량의 특성을 엿볼 수 있는 중요한 지표이기도 합니다. 간단한 예를 들면 이렇습니다.

- **연비(km/kWh) = 1회 충전 주행거리(km) / 배터리 용량(kWh)**
- **완전 충전 시간(h) = 배터리 용량(kWh) / 충전 속도(kW)**
- **평균 모터 출력(kW) = 소비한 배터리 충전량(kWh) / 주행 시간(h)**

여기에 나열한 공식은 각종 손실이나 속도 변화를 고려하지 않았으므로 공인된 수치와는 차이가 있을 수 있습니다만, 각 제원의 단위가 가지고 있는 의미가 분명히 드러납니다. 전기자동차를 처음 접하면서 헷갈려 하거나 실수하는 대표적인 단위가 kWh와 kW인데, 위에서 보시듯이 서로 적용되는 곳이 다르며 kWh를 줄여서 kW로 쓰는 것은 지양해야 합니다. 대표적인 오류는 다음과 같습니다.

- **충전 요금:** 원/kW (×) | 원/kWh (○)
- **충전 속도:** kW/h (×) | kW (○)

다음은 각 제원에 대하여 하나씩 구체적으로 살펴보도록 하겠습니다.

1회 충전 주행거리

주행거리 또는 항속거리는 말 그대로 배터리를 완전히 충전했을 때 주행할 수 있는 거리를 의미합니다. 계기판 사진 가운데의 "주행거리"는 구간 주행거리 기록입니다. 기술이 발전하고 배터리 용량이 늘어남에 따라 점점 늘어나는 추세입니다. 1세대 전기자동차는 주로 100~200km, 2세대는 250~450km 정도입니다. 여기서 전기자동차의 "세대"는 기술적 완성도를 구분하는 개념이며 개별 차종의 세대와는 별개입니다.

공인된 1회 충전 주행거리가 400km 안팎인 차량은, 주행 조건이 좋고 운전을 효율적으로 한다면 사진과 같이 500km 이상을 달리는 것도 가능합니다. 그러나 항상 이런 결과가 나올 수는 없으므로 주행 후기나 비공인 테스트로 측정된 주행거리는 참고용으로만 보시기 바

볼트EV 계기판에 표시된 예상 주행거리(왼쪽 가운데)

랍니다. 공인 주행거리 측정은 같은 조건에서 이루어지므로 차량 간 객관적 비교를 할 수 있습니다.

일반 차량도 연료 탱크 크기에 연비를 곱하면 파악할 수 있습니다. 요즘 출시되는 차량은 계기판에 잔여 주행거리를 표시하도록 설정할 수도 있습니다. 주유소에서 빨리 채울 수 있는 특성 때문에 연료 게이지만 보고 구체적인 거리는 대부분 신경을 안 쓸 뿐입니다.

만약 신형 전기자동차 소식을 관심 있게 보았다면 발표된 주행거리가 400~500km이라고 했다가 국내 출시할 때 300~400km대로 줄어드는 것을 자주 보게 됩니다. 이것은 지역이나 국가마다 주행거리와 연비를 측정하는 기준이 달라서 나타나는 현상입니다. 유럽의 NEDC와 WLTP가 가장 널리 쓰이고, 미국은 환경보호국(EPA) 기준, 우리나라는 산업부(공인 제원)와 환경부(보조금 지급 계산) 기준을 씁니다.

NEDC(New European Driving Cycle)는 유럽경제공동체(EEC, 유럽연합의 전신)에서 유럽 내 도로 환경에 맞춰 1970년 제정한 주행 테스트입니다. 1992년 고속 구간이 추가되기는 했지만, 주행 방식이 간단하여 차량 기술이 발전할수록 실주행 결과보다 점점 낙관적인 수치를 기록하는 경향이 나타났습니다. 그래서 이른바 "뻥연비"라는 오명을 얻었으며 결국 2017년에 WLTP로 대체되었습니다.

WLTP(Worldwide Harmonized Light Vehicles Test Procedure)는 유럽연합이 일본, 인도 등과 협력하여 만든 새로운 국제 표준 주행 테스트 절차로, 실주행 결과를 기반으로 하여 정확도를 높였습니다. 유엔 유럽경제위원회에서 2015년 채택되었고 2017년부터 본격적으로

NEDC(왼쪽)와 WLTP 일반차량용 테스트(WLTC Class 3, 오른쪽)의 속도·가속도 비교

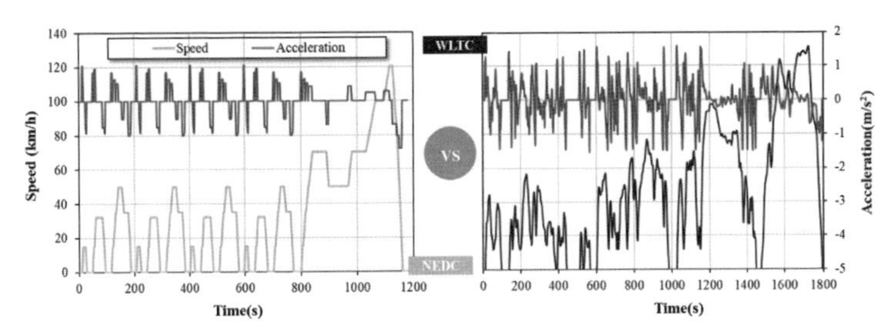

출처: Xinglong Liu et al., From NEDC to WLTP, Sustainability Vol.12, MDPI, 2020

적용되기 시작했습니다.

EPA(Environmental Protection Agency)의 주행 테스트는 크게 두 종류로 나뉩니다. 하나는 시내 주행 흉내를 낸 FTP-75와 고속 주행 흉내를 낸 HWFET로 측정하는 2 사이클 방식입니다. 다른 하나는 정확도를 높이기 위해 3개 테스트를 추가한 5 사이클 방식입니다. 가감속을 심하게 하는 US06, 에어컨을 사용하는 SC03, FTP-75를 저온 환경(-7°C)에서 측정하는 것이 포함됩니다.

EPA의 2017년 지침(EPA Test Procedures for Electric Vehicles and Plug-in Hybrids)에 따르면, 전기자동차는 2 사이클 방식으로 측정한 뒤 0.7을 곱하거나 5 사이클 방식으로 측정하고 EPA 승인 보정 계수를 적용할 수 있습니다. 대부분은 전자를 적용한다고 합니다. 복합 주행거리는 시내 55%, 고속 45% 가중치를 적용합니다.

대한민국 환경부에서 고시한 "전기자동차 보급대상 평가에 관한 규정"의 별표 2 "항목별 평가방법"을 살펴보면 1회 충전 주행거리는 "제

미국 EPA 주행 테스트 4종

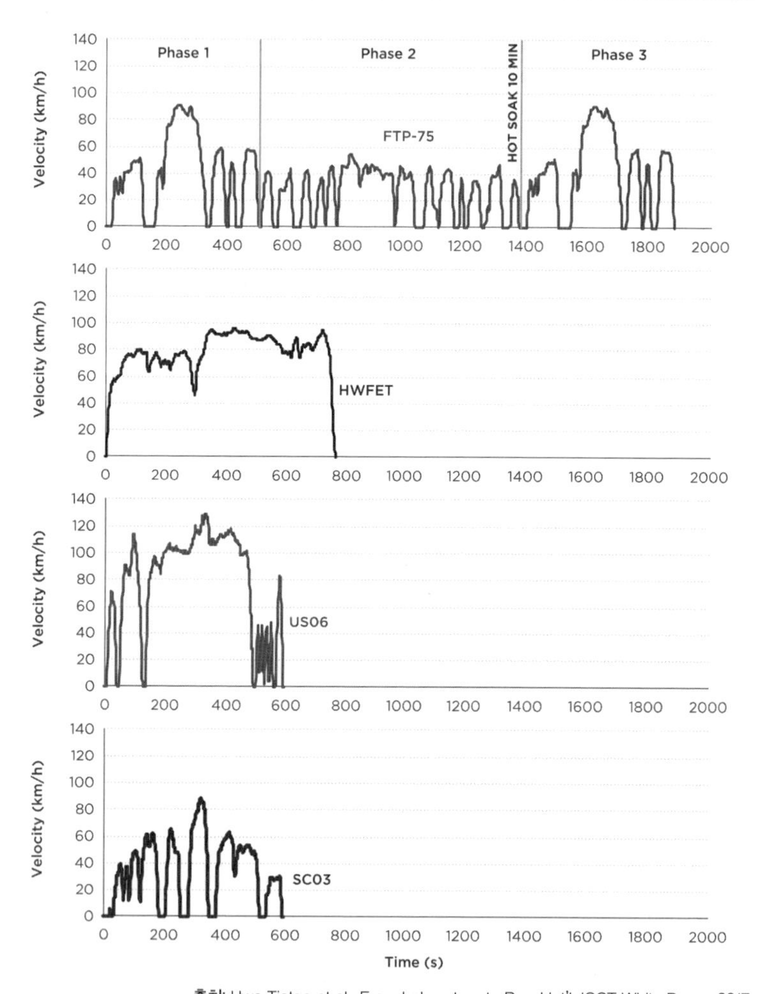

출처: Uwe Tietge et al., From Laboratory to Road Int'l, ICCT White Paper, 2017

작자동차 시험검사 및 시험절차에 관한 규정"이나 "자동차의 에너지 소비효율 및 등급표시에 관한 규정"에 따라 얻은 시험 결과를 인정합

국내 규정에서 사용하는 CVT-75(위)와 HWFET(아래) 테스트

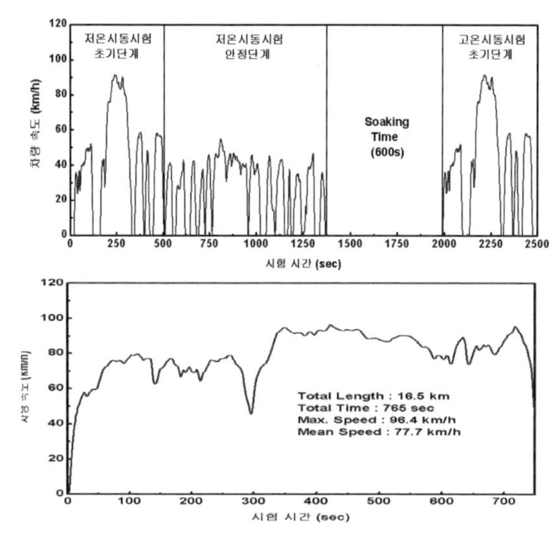

출처: 환경친화적 자동차의 요건 등에 관한 규정, 지식경제부, 2011

니다. 각 규정을 살펴보면 도심(시내) 주행은 CVT-75, 고속도로 주행은 HWFET 방식으로 측정한 뒤 0.7을 곱합니다. 복합 주행거리는 시내 55%, 고속 45% 가중치로 계산합니다.

주행 패턴을 보면 눈치를 채셨겠지만, 이것은 미국의 2 사이클 테스트와 사실상 같습니다. CVT-75 중간의 10분 정차 시간(Soaking Time 600s)은 FTP-75에서도 "Hot Soak 10 Min(utes)"으로 똑같이 등장합니다. EPA와 환경부 결과 차이가 대체로 시험 허용 오차 5% 이내인 이유가 여기 있습니다. 만약 더 크다면, EPA 테스트가 5 사이클이었거나 0.7이 아닌 별도의 보정 계수가 적용되었을 가능성이 있습니다. 특히 테슬라가 주행거리를 유리하게 나타내기 위해 별도 보

차종	NEDC	WLTP	EPA	환경부
BMW i3 120Ah	345~359	285~310	246	248
닛산 리프(2019)	300	270	243	231
쉐보레 볼트(2017)	520	423	383	383
현대 코나 일렉트릭	546	449~482	415	406

출처: 제조사 홈페이지 내 차량 소개, 카탈로그

정 계수를 승인받은 것으로 알려져 있습니다.

각 측정방식으로 주행거리를 측정해보면, NEDC가 가장 낙관적이고 그다음이 WLTP이며, EPA와 환경부가 가장 보수적으로 나옵니다. 유럽보다 미국에서 고속 주행에 무게를 두는 것이 반영된 것으로 보입니다.

❹ 배터리 용량

세대별 주행거리 범위가 다른 것은 일반 차량의 연료 탱크 크기와 같은 **배터리 용량**과 밀접한 관계가 있는데, 1세대는 주로 15~30kWh의 용량을 탑재하고 2세대는 40~100kWh 정도 들어간 데에서 비롯됩니다. 배터리의 원가와 에너지 밀도가 개선되며 점차 용량이 늘어나는 추세입니다.

배터리 냉각 및 관리 기술도 차이가 있는데, 1세대는 주로 공기로 냉각을 시키고 2세대에서는 대체로 냉각수를 순환하여 유지합니다. 후자가 열관리 및 수명연장 측면에서 유리합니다. 1세대 차량 중 단순한

아이오닉 일렉트릭의 주행용 28kWh 고압 배터리

대류 냉각을 하는 차량은 특히 배터리 수명 단축에 취약했습니다.

출시가 된 시기로 보면 1세대는 주로 2010~2017년, 2세대는 2018년 이후입니다. 물론 1세대여도 2018년에 생산된 차량이 있고(예: 쏘울, 아이오닉), 2세대여도 2017년에 팔리던 모델이 있으므로(예: 볼트EV, 테슬라 모델S) 대략적인 시기라고 생각하시면 됩니다.

2020년 이후 1세대 차량은 국내에서 단종되었으므로 중고 거래로만 구매 가능합니다. 2세대 중에서는 400km 이상의 주행거리가 나오는 차량을 많이 선호합니다.

연비

연비 또는 **전비**(전기 연비)는 같은 에너지(kWh)로 얼마나 효율적으로 멀리(km) 주행할 수 있는가의 척도입니다. 그래서 단위가 km/kWh인데, 일반 차량의 km/L 단위와 유사합니다. 기름의 부피(L)가

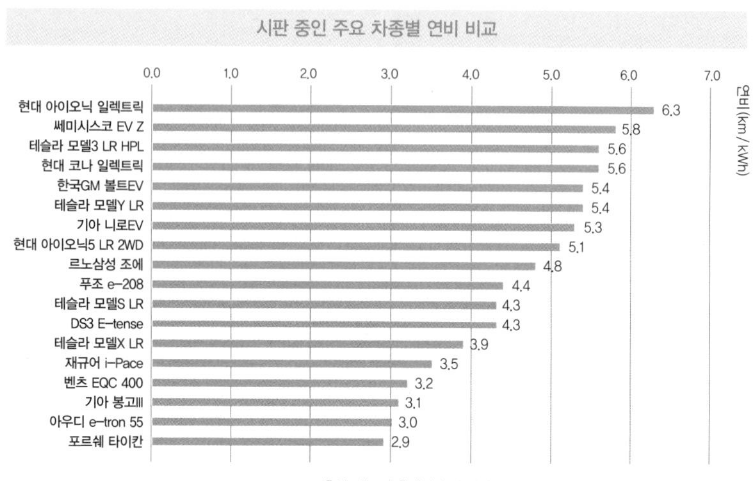

출처: 제조사 홈페이지 내 차량 소개, 카탈로그(5장 핵심 제원 종합 비교 참고)

함유된 에너지의 양을 암시하는 것입니다. 유럽에서는 L/100km를 자동차 연비 단위로 많이 쓰고 있어서 일부 전기자동차는 계기판에 kWh/100km로 나타내기도 합니다.

효율 높은 소형 전기자동차의 연비는 충전 손실이 고려된 공인 수치 기준으로 5km/kWh 이상이고, 중형급 이상이나 화물용 차량은 3~4km/kWh 수준으로 내려가는 편입니다. 이해를 돕기 위해 일반 차량의 km/L 연비 수치를 3으로 나누면 비슷한 차급으로 비교해볼 수 있습니다.

당연하지만, 차급이 올라가면 크고 무거워지는 경향이 있어서 주행거리가 감소합니다. 이를 보완하기 위해 배터리를 더 넣으면 더욱 무거워지고 가격도 비싸지는 악순환이 발생합니다. 그래서 소형~준중형 크기에 가격 및 연비 관점에서 "최적"인 차량이 먼저 많이 나왔고,

점차 중형 이상으로 확대되는 추세입니다.

충전 속도

전기자동차는 **충전 속도**도 중요하게 봐야 하는데, 완속과 급속 등 2가지 속도가 있습니다. **완속(느린) 충전**은 대부분 7kW(220V 32A)까지 지원하며, 일부 최신 차종은 11kW(220V 48A) 지원을 합니다. 배터리가 감당할 수 있는 최고 속도에 못 미치기 때문에 충전이 다 되기 직전까지 거의 일정하게 속도가 유지됩니다. 완속은 최고 속도로 완전히 채우는 데 짧게는 4~5시간, 길게는 15시간씩 걸리기 때문에 장시간 주차할 때에만 적합합니다.

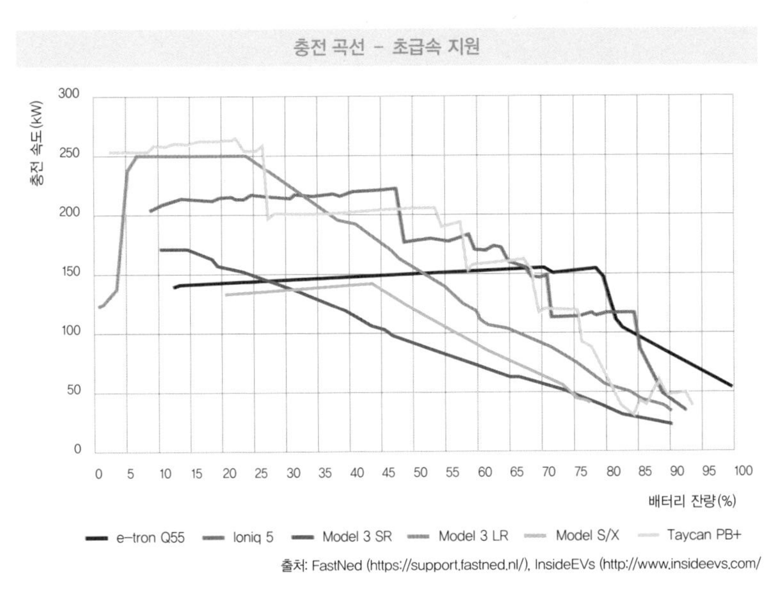

같은 곡선을 나타내는 차량
Ioniq 5(롱레인지): EV6(롱레인지)

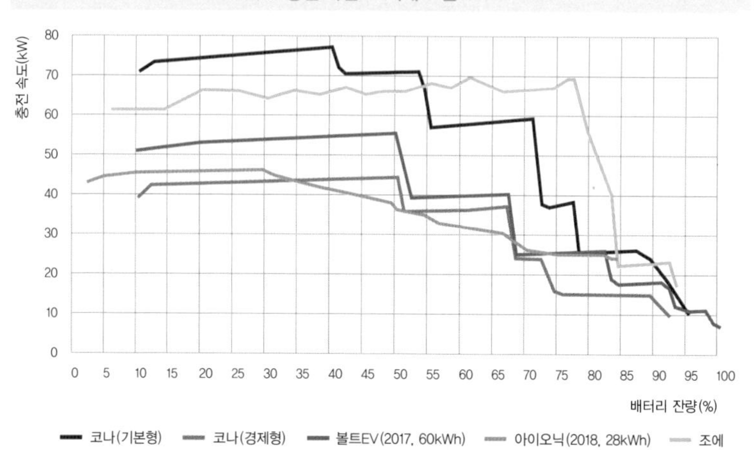

출처: FastNed (https://support.fastned.nl/), Wesley's Tool-Box (http://tool-box.info/)

같은 곡선을 나타내는 차량

코나(기본형, 64kWh): 니로(기본형, 64kWh), 쏘울(기본형, 64kWh)
코나(경제형, 39kWh): 니로(경제형, 39kWh), 쏘울(도심형, 39kWh), 아이오닉(2019, 38kWh)

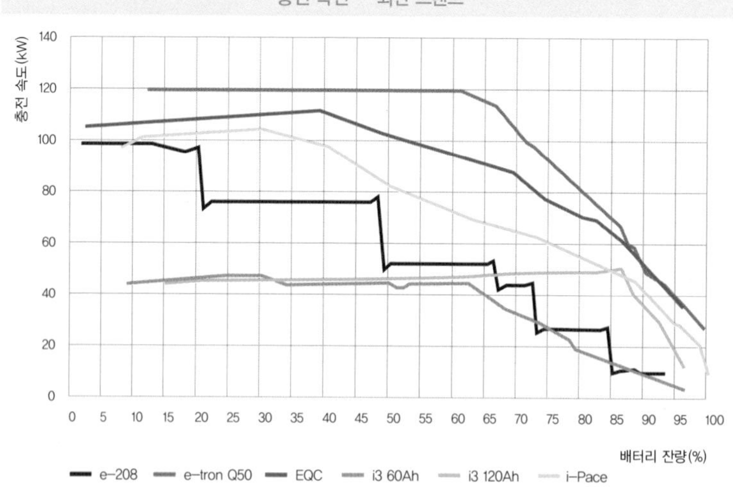

출처: FastNed (https://support.fastned.nl/)

같은 곡선을 나타내는 차량

e-208: e-2008, DS3 E-Tense
i3 120Ah: i3 94Ah (단, 88% 대신 82%에서 하락 시작)
EQC: EQA (단, 40% 대신 30%에서 하락 시작)

완속은 이렇게 느리고 상대적으로 차별성이 떨어지기 때문에 차종 간 비교 대상으로 거론되는 경우는 흔치 않습니다. 대부분은 **급속(빠른) 충전**의 최고 속도가 어떤지 관심을 많이 가집니다. 초기에는 급속 충전기의 최고 속도가 50kW급이어서 40~50kW 속도를 지원하는 차량이 주류를 이루었습니다. 이후 2018~2020년경 70~150kW대가 가능한 차량이 등장했으며, 2021년부터는 200kW 이상 충전이 가능한 차량이 본격적으로 시판되었습니다.

배터리 잔량에 따른 충전 속도를 나타내면 충전 곡선을 그릴 수 있는데, 주요 차종들의 결과를 살펴보겠습니다.

급속 충전 시간은 보통 80%까지 채우는 데 걸리는 시간을 기준으로 삼습니다. 그 이상을 채우려고 하면 배터리 보호를 위해 속도가 현저히 떨어지기 때문인데, 충전 곡선에서 이러한 모습이 고스란히 드러납니다. 대부분의 차량은 잔량이 80% 안팎을 넘어서면서 충전 속도를 줄여나가고 있습니다.

80%까지 도달하는 시간은 대체로 최고 충전 속도가 빠를수록 유리합니다. 50kW까지 지원하는 차종이 1시간 걸린다면, 100kW 이상이 가능한 차종은 30~40분으로 줄게 되는 식입니다. 200kW 이상 충전할 수 있는 차량이 전용 충전기를 만나면 15~20분으로 줄 수도 있습니다, 물론 충전기가 느리면 다른 차량과 큰 차이가 안 날 수 있는 것을 감수해야 합니다.

한편 마지막 20%를 채우는 데 걸리는 시간은 차종마다 다르지만 보통 30~60분 안팎입니다. 80%까지 채우는 시간보다 더 걸릴 수도 있을 정도로 시간이 효율적이지 않습니다. 이 사실을 근거로 공용 급속 충전기를 사용할 때 "80% 충전 후 양보가 배려"라고 보는 시각이 있습니다. 물론 이것은 일종의 권장 사항이며 개별 상황이 다르므로 참고 기준으로 삼으시기를 바랍니다.

인기 질문 2 히트펌프와 배터리 히팅시스템은 필요한가요?

전기자동차의 선택 옵션 중 겨울철 주행과 관련된 것이 있는데, 대표적으로 히트펌프와 배터리 히팅시스템이 있습니다. 현대자동차에서는 두 사양을 묶어서 "윈터 패키지"라고 부르고 있습니다. 별개의 시스템이지만 하나의 옵션으로 묶어서 선택하도록 하다 보니 둘을 혼동하는 경우가 종종 있으니 유의할 필요는 있습니다. 다른 제조사에서는 개별 옵션으로 제공하거나, 일부를 기본 사양으로 채택하기도 합니다. 과연 이것이 얼마나 필요한 것인지 판단을 돕기 위해 기본 원리를 설명해 드리겠습니다.

차량용 보조 히터에 들어있는 PTC 소자

히트펌프란 말 그대로 열(히트)을 이동(펌프)시키는 장치입니다. 증발기, 압축기, 응축기가 들어가게 되므로 에어컨이나 냉장고의 원리와 상당히 유사합니다. 차이가 있다면 열을 뺏어가느냐 열을 가져오느냐의 차이라고 보시면 됩니다.

통상적으로 난방을 하려면 열원에서 열을 발생시킵니다. 전기적으로는 저항 높은 전선을 활용하다가 요즘에는 PTC(Positive Temperature Coefficient) 소자로 많이 옮겨갔습니다. 이것만 쓰면 전력 소모가 크지만, 히트펌프가 폐열을 가져와서 난방에 보태면 열원 사용을 줄일 수 있어서 에너지효율을 높일 수 있습니다.

단점은 구조가 복잡해지고 제조원가가 올라간다는 것에 있습니다. 그래서 기본 탑재가 아닌 옵션으로 있는 것입니다. 그리고 차량 설계 단계에서 히트펌프가 고려되어 있지 않다면, 옵션으로 선택하거나 추후 개조해서 넣는 것이 불가능할 수 있습니다.

배터리 히팅시스템이란 외부 온도가 낮아지면서 배터리가 적정 온도 이하로 떨어지는 것을 방지하기 위한 장치입니다. 배터리 온도가 너무 떨어지면 화학반응이 느려지고 내부저항이 증가하여 제 성능을 내지 못하게 됩니다. 이는 가용 용량의 저하, 최대 출력의 제한, 수명 단축 등으로 이어집니다. 그래서 이 문제를 미리 방지하기 위해 일정 조건이 되면 배터리를 데워줍니다.

만약 혹한기 주행이 잦아서 난방에 의한 연비 및 효율 저하를 줄일 필요가 많다면 히트펌프 옵션을 넣는 걸 고려하는 것이 좋습니다. 영하의 환경에서 자주 주행하거나 주차를 한다면 배터리 히팅시스템이 배터리 관리에 도움을 줍니다. 근래 들어 기후가 극단화되는 경향이 커짐에 따라 겨울철 준비를 위해 옵션 선택을 하는 것도 한 방법입니다.

다만, 나머지 계절에는 효용이 별로 없다는 점도 고려해야 합니다. 만약 겨울철만 어떻게든 버틸 수 있다면 옵션 비용을 절약할 수도 있다는 것입니다. 그래서 온도가 크게 떨어지지 않는 남쪽 지방에 거주하시는 분들은 옵션 안 넣는 경우를 많이 보게 됩니다. 각자의 여건에 맞춰 결정해 보시기 바랍니다.

놓치지 말아야 할
구매 혜택

구매 보조금

우리나라에서는 현대자동차가 2010년에 블루온을 양산하기 시작하면서 전기자동차를 본격적으로 보급하기 시작했으나, 가격이 비싸서 시장을 활성화하기 어렵다고 정부가 판단했습니다. 그래서 2011년부터 국비 및 지방비로 전기자동차 구매 보조금을 지급하기 시작하여 지금까지 이어지고 있습니다.

국비 보조금 기준

단위: 만 원

<table>
<tr><th rowspan="2">연도</th><th colspan="2">승용</th><th colspan="3">화물</th><th colspan="2">버스·승합</th></tr>
<tr><th>저속·초소형</th><th>고속(일반)</th><th>초소형</th><th>경형</th><th>소형</th><th>중형</th><th>대형</th></tr>
<tr><td>2011</td><td rowspan="4">578</td><td>1,940[1]</td><td colspan="3" rowspan="4">[2]</td><td colspan="2">10,545</td></tr>
<tr><td>2012</td><td rowspan="4">1,500</td><td colspan="2" rowspan="6">10,000</td></tr>
<tr><td>2013</td></tr>
<tr><td>2014</td></tr>
<tr><td>2015</td><td rowspan="2">[2]</td><td colspan="2">1,200</td><td>1,500</td></tr>
<tr><td>2016</td><td colspan="4">상반기 1,200 / 하반기 1,400</td></tr>
<tr><td>2017</td><td>578</td><td colspan="4">1,400</td></tr>
<tr><td>2018</td><td>450</td><td>~1,200[4]</td><td colspan="2" rowspan="2">1,100</td><td>2,000</td><td>6,000</td><td>10,000</td></tr>
<tr><td>2019</td><td>420</td><td>~900[4]</td><td rowspan="2">1,800</td><td rowspan="3">~6,000</td><td rowspan="2">~10,000</td></tr>
<tr><td>2020</td><td rowspan="3">400</td><td>~820[3][5]</td><td rowspan="2">512</td><td rowspan="2">1,100</td></tr>
<tr><td>2021[7]</td><td>~800[3][6]</td><td>1,600</td><td>~8,000</td></tr>
<tr><td>2022[7]</td><td>~700[3][6]</td><td>600</td><td>1,000</td><td>~1,400</td><td rowspan="2">~5,000</td><td rowspan="2">~7,000</td></tr>
<tr><td>2023[7]</td><td>350</td><td>~680[3][6]</td><td>550</td><td>900</td><td>~1,200</td></tr>
</table>

자료 출처 : 환경부 저공해차 통합누리집(http://www.ev.or.kr/)
환경부 연도별 “전기자동차 보급 및 충전인프라 구축사업 보조금 업무처리지침”

(1) 경형은 1,720만 원

(2) 지급 대상 차량이 없어 책정되지 않음

(3) 차상위 이하 계층은 최대 900만 원 내에서 국비 지원액 10% 추가 지원

(4) 기본보조금+(단위보조금×배터리 용량)×가중연비/최저 가중연비

기본보조금 = 350만 원(2018년), 200만 원(2019년)

단위보조금 = 17만 원(2018년), 14만 원(2019년)

가중연비 = (상온연비×0.75) + (저온연비×0.25)

저온연비 = (저온 주행거리 / 상온 주행거리)×상온연비

최저 가중연비 = 보조금 지원 차량 중 가장 낮은 가중연비

(5) 연비보조금 + 주행거리 보조금 + 이행보조금

연비보조금과 주행거리 보조금의 합계는 최대 800만 원

연비보조금 = 400만 원×연비계수

연비계수 = 가중연비 / 평균 가중연비

평균 가중연비 = 보조금 지원 차량의 가중연비 평균

주행거리 보조금 = 400만 원×주행거리 계수

주행거리계수 = (0.002×가중주행거리) + 0.31 [150km 미만 0.6, 400km 초과 1.11]

가중주행거리 = (상온 주행거리×0.75) + (저온 주행거리×0.25)

이행보조금: 저공해차보급목표제 대상 기업에 20만 원 정액 지급

(6) (연비보조금 + 주행거리 보조금 + 이행보조금 + 기타 보조금)×가격계수

연비보조금과 주행거리 보조금의 합계는 최대 700만 원(22년 600만 원, 23년 500만 원에 사후관리계수(0.8~1.0) 곱함)

연비보조금=420만 원×연비계수(22년 360만 원, 23년 중형 이상 300만 원 / 소형 240만 원)

주행거리 보조금 = 280만 원×주행거리 계수(22년 240만 원, 23년 중형 이상 200만 원 / 소형 160만 원)

이행보조금: 저공해차 보급 실적에 따라 최대 50만 원(22년 70만 원, 23년 140만 원)

기타 보조금: 최대 50만 원(22년 30만 원, 23년 40만 원)

가격계수: 6,000만 원 미만 100%, 6,000~9,000만 원 50%, 9,000만 원 초과 0% (6,000만 원 → 5,500만 원(2022) → 5,700만 원(2023), 9,000만 원 → 8,500만 원(2022~2023))

(7) 2021년부터 지자체 보조금을 국비 보조금에 비례하여 지급(이전은 정액)

2017년까지는 높은 액수를 유지하며 정액 지급하고 있었으나, 차량 보급 대수가 대폭 늘어나면서 정책이 수정되기 시작했습니다. 기획재정부가 2018년 6월 8일 개최한 "제1차 혁신성장 관계장관회의"에서 전기자동차와 수소차의 보조금을 2022년까지 유지하되, 내연기관차와의 가격 차이, 핵심 부품 발전 속도, 보급 여건 등을 고려하여 지원 단가를 조정하기로 한 것이 이 점을 잘 보여줍니다. 이후 차량 1대당 지급하는 보조금은 꾸준히 줄어들었습니다.

그런데 원래 계획했던 보조금 지급 종료 시점이 가까워지고 있었음에도 가격에 큰 개선이 없자, 환경부는 2020년 7월 23일 "환경부 그린뉴딜 정책 방향 및 주요사업"을 발표했습니다. 내용을 살펴보면, 보조금 지급기한을 최대 2025년으로 연장하고 그 이후의 지급 여부는 가격경쟁력 확보상황에 따라 검토하기로 하는 등 속도 조절에 들어간 것을 확인할 수 있습니다.

2018년부터 차등 지급하고 있는 고속 승용 전기자동차 보조금 추이

제조사	차종	가중 수치		연도별 국비 보조금(만 원)			
		연비	거리	2018	2019	2020	2021
		km/kWh	km				
현대자동차	제네시스 Electrified G80	4.25	427.5	–	–	–	379
	아이오닉5(LR 2WD프레)	4.75	392.3	–	–	–	800
	아이오닉5(LR 4WD프레)	4.42	363.5	–	–	–	773
	아이오닉5(LR 2익스BIC)	4.86	403.5	–	–	–	800
	아이오닉5(LR 2WD익스)	4.91	412.8	–	–	–	800
	아이오닉5(Std 2WD)	5.01	329.5	–	–	–	791

제조사	차종	가중 수치		연도별 국비 보조금(만 원)			
		연비	거리	2018	2019	2020	2021
		km/kWh	km				
현대자동차	아이오닉5(LR 4WD익스)	4.55	377.5	–	–	–	785
	아이오닉5(Std 4WD)	4.65	309.3	–	–	–	774
	코나(기본형/HP)	5.46	395.7	1,200	900	820	800
	코나(기본형/PTC)	5.27	381.8	1,200	900	820	800
	코나(경제형)	5.42	237.8	1,200	900	766	690
	아이오닉(2019/HP)	5.92	260.5	–	900	820	733
	아이오닉(2019/PTC)	5.84	256.8	–	900	814	701
	아이오닉(2018/HP)	5.99	190.3	1,126	847	단종	–
	아이오닉(2018/PTC)	5.94	188.6	1,119	841	단종	–
	아이오닉(2016/N.Q)	6.00	182.0	1,127	단종	–	–
	아이오닉(2016/I)	5.94	180.1	1,119	단종	–	–
	블루온	–	–	단종	–	–	–
기아자동차	EV6(LR 2WD)	5.30	473.8	–	–	–	800
	EV6(LR 4WD)	4.88	447.0	–	–	–	800
	EV6(Std 2WD)	5.49	369.5	–	–	–	800
	EV6(LR 2WD GT-Line)	4.81	436.5	–	–	–	800
	EV6(LR 4WD GT-Line)	4.52	400.3	–	–	–	783
	니로(HP)	5.17	375.9	1,200	900	820	800
	니로(PTC)	5.02	364.5	1,200	900	820	780
	니로(경제형)	5.16	232.6	1,200	900	741	717
	쏘울 부스터(기본형)	4.99	358.3	–	900	820	750
	쏘울 부스터(도심형)	5.18	235.0	–	900	744	688
	쏘울(2018/HP)	5.02	173.3	1,044	778	단종	–

제조사	차종	가중 수치		연도별 국비 보조금(만 원)			
		연비	거리	2018	2019	2020	2021
		km/kWh	km				
기아자동차	쏘울(2018/PTC)	4.90	169.1	1,027	단종	–	–
	쏘울(2014)	4.79	141.9	단종	–	–	–
	레이EV	4.70	85.6	706	단종	–	–
르노삼성	ZOE	4.51	290.8	–	–	736	702
	SM3 ZE(2018)	4.03	190.3	1,017	756	616	단종
	SM3 ZE(2014)	3.98	122.1	839	단종	–	–
한국GM	볼트EUV(2022)	4.94	368.8	–	–	–	760
	볼트EV(2020)	4.94	378.8	–	–	820	760
	볼트EV(2017)	5.08	354.0	1,200	900	820	단종
	스파크EV	5.47	116.8	단종	–	–	–
쌍용자동차	코란도 e-motion HP	4.68	293.3	–	–	–	768
쎄미시스코	SMART EV Z	5.64	145.9	–	–	689	639
BMW	i3 120Ah	4.92	226.0	–	900	716	673
	i3 94Ah	4.84	186.8	1,091	818	679	단종
	i3 60Ah	5.27	117.9	807	단종	–	–
한국닛산	리프(2019)	4.69	212.3	–	900	686	단종
	리프(2014)	4.55	121.0	849	단종	–	–
한불모터스	Peugeot e-208	4.27	236.8	–	–	653	649
	Peugeot e-2008	4.07	224.5	–	–	628	605
	DS3 E-tense	4.07	224.5	–	–	628	605

제조사	차종	가중 수치		연도별 국비 보조금(만 원)			
		연비	거리	2018	2019	2020	2021
		km/kWh	km				
테슬라	Model S(Standard R.)	4.14	353.5	–	–	736	0
	Model S(Long Range)	4.11	465.7	–	–	771	0
	Model S(Performance)	4.09	466.9	–	–	769	0
	Model S(75D)	4.08	340.8	1,200	900	단종	–
	Model S(90D)	3.69	357.8	1,200	900	단종	–
	Model S(100D)	3.82	430.7	1,200	900	748	단종
	Model S(P100D)	3.64	406.6	1,200	900	734	단종
	Model X(Standard R.)	–	–	대상 아님			
	Model X(Long Range)	–	–				
	Model X(Performance)	3.52	400.9				
	Model 3(SRP R HPL)	5.79	363.9	–	–	–	730
	Model 3(LR HPC)	5.44	481.3	–	–	–	750
	Model 3(LR HPL)	5.37	505.9	–	–	–	750
	Model 3(Perf. HPL)	4.93	464.0	–	–	–	375
	Model 3(SRP RWD)	5.23	317.3	–	900	793	684
	Model 3 (Long Range)	4.52	402.9	–	900	800	682
	Model 3 (Performance)	4.24	373.8	–	900	760	329
	Model Y(Standard R.)	5.32	331.3	–	–	–	742
	Model Y(Long Range)	5.19	491.7	–	–	–	375
	Model Y(Performance)	4.66	434.4	–	–	–	372
벤츠코리아	EQA 250	3.77	278.1	–	–	–	618
	EQC 400 4MATIC	3.10	299.2	–	0	630	0
재규어	i-Pace EV400	3.22	306.5	–	900	625	0

제조사	차종	가중 수치		연도별 국비 보조금(만 원)			
		연비	거리	2018	2019	2020	2021
		km/kWh	km				
아우디	e-tron 55 quattro	2.85	291.3	–	–	628	0
	e-tron 50 quattro	–	–	–	–	–	0
	e-tron 50 SB quattro	–	–	–	–	–	0
포르쉐	Taycan Perf. Battery	–	–	대상 아님			
	Taycan Perf. Battery+	–	–				

자료 출처 : 환경부 저공해차 통합누리집(http://www.ev.or.kr/)
환경부 연도별 "전기자동차 보급 및 충전인프라 구축사업 보조금 업무처리지침"
가중 수치 중에 위에서 제공되지 않은 값은 핵심 제원에서 자동 계산한 결과로 표시

개별소비세와 교육세

전기자동차와 수소전기자동차를 구매할 때 부과되는 세금으로 개별소비세(개소세), 교육세, 그리고 부가가치세(부가세)가 있습니다. 모든 세금은 차량의 출고(공장도) 가격에 세율을 적용하여 산출되므로 다음과 같이 됩니다.

- **출고가격×(1 + 개소세율 + 교육세율) = 차량가격**
- **차량가격×(1 + 부가세율) = 판매가격**

부가가치세의 세율은 널리 알려진 대로 10%입니다. 그러므로 개별소비세와 교육세에 대해서 알아보면 되는데, 전기자동차는 판매 촉

진을 위해 이 세금을 일정 수준 감면받을 수 있습니다. 내용을 정리하면 다음과 같습니다.

기간	기본 세율		감면 한도(원)	
	개소세	교육세	전기자동차	수소전기자동차
2012.1.~2016.12.	5%	1.5% (개소세의 30%)	200만 + 60만	–
2017.1.~2017.12.				400만 + 120만
2018.1.~2024.12.			300만 + 90만	

만약 구매하는 전기자동차의 출고가격이 **6천만 원 미만**이라면 산출세액이 300만 원 미만이 되므로 개별소비세와 교육세가 **2024년까지 면제**됩니다.

개별소비세 세율이 소비 진작 등을 위해 한시적으로 3.5%로 낮춰지는 기간이 종종 있기도 합니다(뒤의 세율 감면 기간 참조). 이때는 원래 출고가격 약 8,571만 원 미만까지 면제되었으나, 2021년부터는 추가 감면 세액이 1백만 원으로 제한되기 때문에 8천만 원 미만(산출세액 300만 + 100만 원)까지만 면제가 됩니다.

한 가지 유의할 점은, 전기자동차이기만 해서는 이 혜택을 받을 수 없다는 것입니다. 에너지 소비효율(연비), 성능 등 환경부에서 정한 기준을 통과하여 "환경친화적 자동차의 요건 등에 관한 규정"에 이름을 올린 차량만이 대상입니다. 실제로 연비가 기준을 밑돌아 개별소비세 감면을 못 받는 차량이 있습니다(5장 "차종별 핵심 제원 종합 비교"의 핵심 제원을 확인해보시기 바랍니다).

자세한 법률적 근거와 세율 감면 기간을 알고 싶으신 분에게 여기서부터 부연 설명해드리겠습니다. 개별소비세와 교육세는 각각 "개별소비세법"(2022-12-31)과 "교육세법"(2022-12-31)에 규정되어 있습니다. 전기자동차에 대한 부분을 보면, **개별소비세의 기본 세율은 5%**이고 **교육세는 이의 30%**로 일반 차량과 같습니다.

개별소비세법 제1조(과세대상과 세율)

3. 다음 각 목의 자동차에 대해서는 그 물품가격에 해당 세율을 적용한다.

다. **전기승용자동차**(「자동차관리법」 제3조 제2항에 따른 세부기준을 고려하여 대통령령으로 정하는 규격의 것은 제외한다): **100분의 5**

교육세법 제5조(과세표준과 세율)

① 교육세는 다음 각 호의 과세표준에 해당 세율을 곱하여 계산한 금액을 그 세액으로 한다.

호별	과세표준	세율
2	「개별소비세법」에 따라 납부하여야 할 개별소비세액	100분의 30. 다만, 「개별소비세법」 제1조제2항제4호 다목·라목·바목 및 아목의 물품인 경우에는 100분의 15로 한다.

한편, "개별소비세법 시행령"을 통해 일시적으로 세율을 낮추기도 합니다. 관련 규정은 다음과 같습니다.

개별소비세법 시행령 제2조의 2(탄력세율)

① 법 제1조 제7항 본문에 따라 탄력세율을 적용할 과세대상과 세율은 다음 각 호와 같다.

6. 별표 1 제5호가목부터 라목까지의 규정에 해당하는 물품: **물품가격의 1천 분의 35**

별표 1의 제5호 라목은 전기자동차 및 수소전기자동차를 대상으로 하고 있으므로 전기자동차도 적용 대상이 되며, **세율이 5%에서 3.5%로 내려갑니다**. 위에서 본 조항 6호는 2016년 2월 19일에 신설되었는데, 다음과 같이 여러 번 개정되면서 유효기간이 바뀌어왔습니다.

순번	개정일(유효기간 시작)	정의된 기한(유효기간 만료)
1	2016년 2월 19일	2016년 6월 30일
2	2018년 8월 7일	2018년 12월 31일
3	2019년 1월 15일	2019년 6월 30일
4	2019년 6월 25일	2019년 12월 31일
5	2020년 6월 30일	2020년 12월 31일
6	2021년 1월 12일	2021년 6월 30일
7	2021년 6월 29일	2021년 12월 31일
8	2021년 12월 28일	2022년 6월 30일
9	2022년 6월 28일	2022년 12월 31일
10	2022년 12월 30일	2023년 6월 30일

단, 세율이 내려가더라도 고가 차량은 혜택에 제한이 생길 수 있습니다. 시행령이 2021년 1월 12일 개정되면서 원래 세율로 계산한 금액과 인하된 세율로 계산한 금액의 차액 한도는 100만 원으로 제한

하는 규정이 추가되었기 때문입니다.

② 법 제1조제7항 단서에 따라 같은 조 제2항에서 정한 세율에 따른 산출세액과 제1항 제6호에서 정한 세율에 따른 산출세액 간 차액의 한도는 과세물품당 100만 원으로 한다. 〈신설 2021. 1. 12.〉

물론 전기자동차가 이렇게 결정된 세율로 개별소비세와 교육세를 다 내는 것은 아닙니다. 보급 촉진을 위한 **감면 조항**이 있기 때문입니다. 이것은 "조세특례제한법"(2022-12-31)에서 정의하고 있는데, 전기자동차 관련 감면은 2012년부터 시행되었습니다.

조세특례제한법 제109조(환경친화적 자동차에 대한 개별소비세 감면)

④ 「환경친화적 자동차의 개발 및 보급 촉진에 관한 법률」 제2조 제3호에 따른 전기자동차로서 같은 조 제2호 각 목의 요건을 갖춘 자동차에 대해서는 **개별소비세를 감면**한다. 〈신설 2011. 12. 31.〉

⑤ 제4항에 따른 개별소비세 감면액은 다음 각 호와 같다. 〈신설 2011. 12. 31., 2017. 12. 19.〉

1. 개별소비세액이 300만 원 이하인 경우에는 개별소비세액 전액
2. 개별소비세액이 300만 원을 초과하는 경우에는 300만 원

⑥ 제4항은 **2012년 1월 1일부터 2024년 12월 31일까지** 제조장 또는 보세구역에서 반출되는 자동차에만 적용한다. 〈신설 2011. 12. 31., 2014. 12. 23., 2017. 12. 19., 2020. 12. 29., 2022. 12. 31.〉

⑦ 「환경친화적 자동차의 개발 및 보급 촉진에 관한 법률」 제2조 제6호에 따른 **수소전기자동차**로서 같은 조 제2호 각 목의 요건을 갖춘 자동차에 대해서는 개별소비세를 감면한다. 〈신설 2016. 12. 20., 2018. 12. 31.〉

⑧ 제7항에 따른 개별소비세 감면액은 다음 각 호와 같다. 〈신설 2016. 12. 20.〉

1. 개별소비세액이 400만 원 이하인 경우에는 개별소비세액 전액
2. 개별소비세액이 400만 원을 초과하는 경우에는 400만 원

⑨ 제7항은 **2017년 1월 1일부터 2024년 12월 31일까지** 제조장 또는 보세구역에서 반출되는 자동차에 적용한다. 〈신설 2016. 12. 20., 2019. 12. 31., 2022. 12. 31〉

조항의 개정 이력을 살펴보면, 원래는 감면 한도가 200만 원이었으나 2017년 말 개정을 통해 2018년부터 300만 원으로 상향된 것으로 나옵니다. 그리고 수소전기자동차는 2016년 말 개정 결과 처음으로 400만 원 감면 한도가 정의되었습니다.

한편, "환경친화적 자동차의 개발 및 보급 촉진에 관한 법률" 제2조는 다음과 같습니다.

2. "환경친화적 자동차"란 제3호부터 제8호까지의 규정에 따른 전기자동차, 태양광자동차, 하이브리드자동차, 수소전기자동차 또는 「대기환경보전법」 제46조제1항에 따른 배출가스 허용기준이 적용되

는 자동차 중 산업통상자원부령으로 정하는 환경기준에 부합하는 자동차로서 다음 각 목의 요건을 갖춘 자동차 중 산업통상자원부장관이 환경부장관과 협의하여 고시한 자동차를 말한다.

가. 에너지소비효율이 산업통상자원부령으로 정하는 기준에 적합할 것

나. 「대기환경보전법」 제2조제16호에 따라 환경부령으로 정하는 저공해자동차의 기준에 적합할 것

다. 자동차의 성능 등 기술적 세부 사항에 대하여 산업통상자원부령으로 정하는 기준에 적합할 것

산업부 환경기준이란 "환경친화적 자동차의 요건 등에 관한 규정"을 뜻하는데, 이 규정의 제3조(에너지소비효율의 기준)와 제4조(기술적 세부사항)에서 충족해야 하는 연비, 주행거리, 최고 속도 등이 구체적으로 정의되어 있습니다. 이 기준을 충족하여 제4조 제4항에 이름을 올린 전기자동차만이 개별소비세 감면 혜택을 받게 됩니다.

참고로, 보조금을 받기 위해 충족해야 하는 조건은 "전기자동차 보급대상 평가에 관한 규정"에서 정의되어 있으며 "환경친화적 자동차"가 아니더라도 이 규정을 충족하면 보조금 지급 고려 대상이 됩니다. 세제 혜택은 못 받아도 보조금은 받을 수 있다는 것입니다.

취득세

차량을 구매한 뒤 지자체에 정식 등록을 하고 번호판을 받는 단계에서 취득세를 내게 됩니다. 취득세의 산출 기준은 부가가치세가 붙지 않은 차량가격이며, 구매하면서 받은 보조금은 고려하지 않습니다. 개별소비세와 마찬가지로 법령에서 세율과 감면 사항이 정의되어 있는데, 이것을 정리하면 다음과 같습니다. 전기자동차와 수소전기자동차에 모두 해당합니다.

기간	취득세율	감면 한도	전액 감면되는 차량금액 상한
2012.1.~2016.12.	7%	140만 원	2,000만 원
2017.1.~2018.12.		200만 원	2,857만 원
2019.1.~2024.12.		140만 원	2,000만 원

전액 감면되는 차량금액의 상한을 보면, 구매 보조금보다 비슷하거나 약간 높습니다. 그러므로 실 구매가에 대하여 취득세를 내는 효과가 있습니다. 만약 차량금액이 4,500만 원이면, 2019년 이후 취득세는 다음과 같습니다.

- (4,500만 - 2,000만) × 0.07 = 175만 원
  [또는 4,500만 × 0.07 - 140만 = 175만 원]

참고로, 중고 전기자동차를 거래할 때도 취득세 감면이 변함없이 적용됩니다. 실 구매가에서 감가상각을 적용하므로 4천만 원대 차량

이 2천만 원대에 거래되는 것을 쉽게 볼 수 있는데, 덕분에 내야 하는 취득세가 거의 없게 됩니다. 단, 개별소비세와 마찬가지로 "환경친화적 자동차의 요건 등에 관한 규정"에 등재된 차량만 감면 혜택이 있어서 일부 초창기 모델이나 연비가 낮은 신규 모델은 해당하지 않는다는 점을 유념해야 합니다(5장 "차종별 핵심 제원 종합 비교" 참조).

위의 내용에 대한 법률적 근거는 "지방세법"(2021-12-28)에서 취득세율에 대한 정의, 그리고 "지방세특례제한법"에서 전기자동차 대상 감면이 나온 것으로 확인할 수 있습니다. 지방세특례제한법은 여러 번 개정을 거치면서 감면 규모와 기간이 변해왔습니다.

지방세법 제12조(부동산 외 취득의 세율)

2. 차량

가. 비영업용 승용자동차: 1천분의 70. 다만, 경자동차의 경우에는 1천 분의 40으로 한다.

지방세특례제한법 제66조(교환자동차 등에 대한 감면)

④「환경친화적 자동차의 개발 및 보급 촉진에 관한 법률」 제2조제3호에 따른 **전기자동차** 또는 같은 조 제6호에 따른 **수소전기자동차**로서 같은 조 제2호에 따라 고시된 자동차를 취득하는 경우에는 **2024년 12월 31일까지 취득세액이 140만 원 이하인 경우 취득세를 면제하고, 취득세액이 140만 원을 초과하는 경우 취득세액에서 140만 원을 공제**한다. 〈신설 2011. 12. 31., 2014. 12. 31., 2015. 12. 29., 2016. 12. 27., 2018. 12. 31., 2020. 1. 15., 2021. 12. 28.〉

인기 질문 3 등록할 때 받은 번호판이 아직 2자리네요?

승용 전기자동차의 번호판은 현행 법령에 따라 01~69 번호만 쓸 수 있습니다. 관련 근거는 "자동차 등록번호판 등의 기준에 관한 고시"에서 찾아볼 수 있습니다.

제5조(차종 및 용도구분등의 기호) ① 등록번호판의 차종 및 용도별 분류기호를 다음과 같이 한다. 다만, 제2조 제2항 별표 1 및 별표 18의 등록번호판을 사용하는 승용자동차에 대한 차종별 분류기호는 01-69로 한다.

여기서 말하는 별표 18이 전기자동차 번호판에 대한 것입니다. 즉, 전기자동차 번호판을 달아야 하는 승용차는 앞자리가 무조건 2자리여야 합니다. 간혹 이것을 제대로 인지하지 못한 지자체에서 3자리 번호판을 발급한 사례가 있으나 이것은 위법입니다.

한편, 화물 전기자동차는 위 조항에 포함된 표에 따라 일반 화물차와 같은 80~97을 부여하게 되어 있습니다. 그래서 마찬가지로 2자리 번호판이 발급됩니다.

구매 절차 핵심 정리

전기자동차를 사기 위해 실제로 부담해야 하는 비용을 준비하는 과정(현금, 카드, 할부계약 등)은 일반 차량을 살 때와 거의 같습니다. 그런데 그 이후 일이 복잡해지는 이유는 보조금을 받기 위한 절차를 거치기 때문입니다. 즉, 전기자동차가 비싸니 국가와 거주 지방에서 돈을 일부 내주겠다고 하고, 그것을 받아가려니 수고해야 하는 것입니다.

물론 보조금을 받지 않고 구매할 수도 있습니다. 실제로 일부 고가의 전기자동차는 보조금 지급 대상이 아닙니다. 보조금을 받아도 별 차이가 없다고 생각해서 제조사가 승인 절차를 안 거칠 수도 있고, 2021년 이후부터는 차량가격이 일정 수준 이상이면(2021년 9천만 원, 2022년 8천5백만 원) 보조금을 지급하지 않게 되어 더 이상 못 받는 차량도 있습니다. 이런 차는 일반 차량처럼 사게 됩니다.

하지만 대다수는 보조금을 받는 것과 안 받는 것에 큰 차이가 있으므로 절차를 충실하게 따르게 됩니다. 그 과정을 살펴보면 다음과 같습니다.

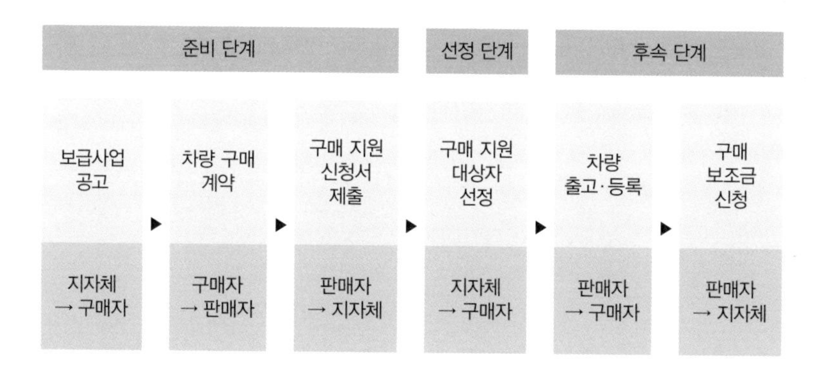

준비 단계

가) 보급사업 공고

중앙정부는 매년 1월 중순 무렵 전기자동차 구매 보조금 지원 사업 지침을 발표하며 국고 보조금을 확정 짓고, 이어서 각 지방자치단체가 자체 예산을 편성하여 1월 말에서 2월 사이에 주민을 대상으로 보급사업을 공고합니다.

지자체가 정부 예산과 자체 예산을 합쳐 보조금을 지급하기 때문에 지방 보조금이 고갈되면 정부 예산이 남더라도 일단 해당 지자체는 신청 접수가 마감됩니다. 추가경정예산(추경) 편성 등으로 보조금이 추가 확보 되거나, 드물게 환경공단을 통해 국고보조금만으로 신청할 수 있게 열리지 않으면 내년을 기약해야 합니다.

나) 차량 구매 계약

차를 사려는 사람은 제조/판매/수입사(이하 판매자)의 대리점 또는 지점에 방문하여 구매 계약을 합니다. 이때 보조금 신청에 필요한 서류도 같이 작성하거나 제출하면 영업사원이 활용합니다.

다) 구매 지원신청서 제출

2개월 내에 차량 출고가 가능해지면 판매자는 전기자동차 구매보조금 지원시스템에 전기자동차 구매 지원신청서를 제출합니다. 예전에 구매할 때는 지자체의 관련 행정부처에 가서 직접 제출하기도 했는데 지금은 판매자가 대행해서 온라인 접수하는 형태로 바뀐 것입

자동차 매매계약서와 구매 보조금 신청 서류

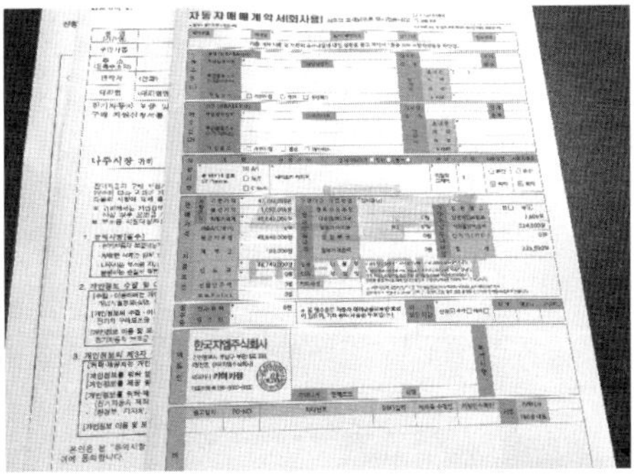

니다.

2017년까지는 차량 출고 시점에 제한이 없었지만, 일부 차량이 늑장 출고로 보조금 지급에 혼란을 일으키자 2018년부터 구매 지원 신청 후 2개월 이내에 출고 및 등록이 이루어지지 않으면 신청이 취소되거나 후순위로 밀리게 되었습니다.

한편, 2021년에는 반도체 수급 불안으로 일부 차량 출고에 차질을 빚게 되어 도중에 한시적으로 제한을 3개월로 늘리기도 했습니다. 그 해에 어떤 조건으로 사업을 진행하는지 신청하기 직전까지 꼭 명확히 확인하시기 바랍니다.

❹ 선정 단계

구매 지원대상자가 제출한 신청 서류를 심사하여 결격사유가 없으면 신청자가 지원대상자로 선정될 기회가 있는데, 구체적인 방법은 지자체의 사정에 따라 크게 3가지로 나뉩니다. 설명은 2개월 내 출고 기준으로 합니다.

가) 출고·등록순

곧 출고하여 등록할 예정인 사람 순으로 대상자를 선정하고 보조금을 지급하는 방법으로, 가장 일반적인 형태입니다. 출고가 2개월 내로 가능해져 지원 신청을 하면 지자체는 심사를 거쳐 먼저 "보조금 지원 신청 자격"을 부여합니다.

시간이 지나 출고가 임박하면(10일 안팎 남음) 판매자가 지자체에 보조금 지원 가능 확인 요청을 합니다. 이에 지자체는 잔여 예산을 확인하여 여유가 있을 때 신청자를 "보조금 지원 대상자"로 선정(확정)합니다.

나) 접수순

2개월 내에 출고할 수 있게 된 후에 보조금 지원 신청을 하는 것까지는 위에서 본 출고·등록순과 같습니다. 그러나 "신청 자격"을 부여하는 중간 과정 없이 신청서가 접수된 순으로 "보조금 지원 대상자"를 선정한다는 것이 다릅니다.

이 방법은 절차가 출고·등록순보다 간소화되는 장점이 있으나, 예산 확인 및 관리가 덜 엄격해질 수 있습니다. 지원 대수가 많은 지자체 일부에서 채택하는 것을 볼 수 있습니다.

다) 추첨

정해진 기간 동안만 신청 접수를 받고, 추후 공개 추첨으로 보조금 지원 대상자를 선정합니다. 지원 대수가 극히 적은 지자체에서 기회를 공평하게 주기 위한 방편으로 채택합니다만, 신청 기간에 2개월 내 출고 조건을 맞출 수 있는 차량이 아니면 기회조차 얻지 못하는 맹점이 있습니다.

개인적으로는 위와 같이 추첨으로 보조금 대상을 선정할 때 지원한 적이 있습니다. 운 좋게도 미달이 되어 참석한 인원 모두 지원 대상

2018년도 나주시 전기자동차 보조금 공개추첨 현장

이 되었는데, 이럴 때는 접수순으로 선정하는 것과 같게 됩니다. 물론 2개월 내 출고가 실제로 되지 않으면 신청 자격을 잃거나 지급 순위가 뒤로 조정될 수 있으므로 끝까지 잘 지켜봐야 합니다.

후속 단계

가) 차량 출고·등록

판매자는 차량을 출고하여 구매자에게 인도하고, 구매자는 지자체에 등록을 합니다. 이 절차는 모두 지원대상자 신청 시점으로부터 2개월 이내에 모두 끝마쳐야 합니다. 출고·등록순 방식에서는 지원 대상자 확정이 되고 지정한 시일 내(10일 안팎)에 해야 합니다.

참고로, 구매자가 차량을 인도받기 위해 판매자에게 값을 치를 때 차량금액 전체가 아니라 보조금에 해당하는 액수를 뺀 실제 부담액만 내게 됩니다. 왜냐하면 보조금은 구매자가 아닌 판매자에게 지급

쉐보레 인천출고사무소에서 출고되는 볼트EV

되기 때문입니다.

나) 구매보조금 신청

차량이 등록을 마치고 10일을 넘기기 전에 판매자는 제출할 서류를 모두 갖춰 전기자동차 구매보조금 지원시스템에 구매보조금을 신청합니다. 지자체는 서류를 심사하여 문제가 없으면 원칙적으로 14일 이내에 제조사로 보조금을 지급하여 해당 구매 건에 대한 절차를 맺습니다.

ELECTRIC
CAR

2장

전기자동차 충전기 개념 잡기

다양한 충전규격 알아보기

전기자동차를 충전하기 위한 규격은 여러 가지가 있습니다. 처음부터 끝까지 하나만 있었으면 좋았겠지만, 때로는 필요 때문에, 때로는 제조사의 자존심 때문에 여러 갈래로 쪼개졌습니다. 스마트폰도 시대에 따라, 제조사에 따라 충전케이블이 다르게 된 것과 언뜻 닮아있습니다.

이유가 무엇이든, 제조사마다 각자 다른 규격을 쓰게 되면 엄청나게 불편할 것입니다. 그래서 우리나라는 2017년에 다음과 같이 국내 충전 표준을 정했고, 현재 출시되는 차량은 대부분 이것을 따르고 있습니다.

국내 표준인 DC콤보 급속 충전 플러그와 충전구

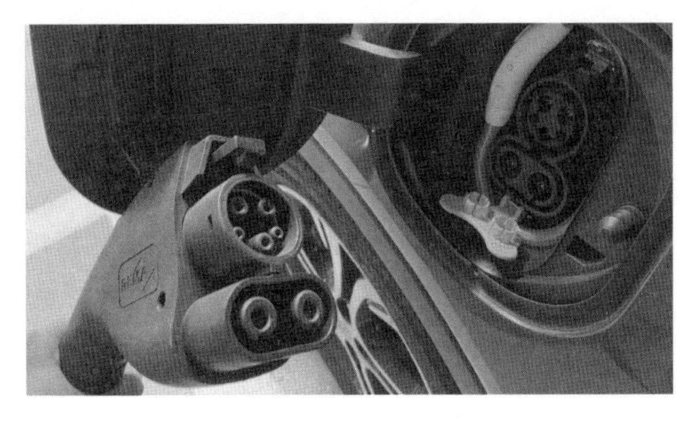

- 급속: "DC콤보" (국제 명칭 CCS Type 1)
- 완속: 이른바 "AC 단상 5핀" (국제 명칭 J1772 Type 1)

아쉽게도, 국내에 10년 넘게 전기자동차가 보급되는 동안 다른 규격도 많이 등장했기 때문에 충전소에 가거나 중고로 전기자동차를 구매할 때 모양이 다른 플러그를 접할 수 있습니다. 그러므로 충전규격에 대하여 좀 더 자세히 살펴보도록 하겠습니다.

공용 급속 충전규격

방금 보았던 DC콤보 플러그 규격은 AC 5핀 단상 완속 부분과 DC 2핀 급속 부분이 합쳐진(=콤보) 형태입니다. 하나의 플러그로 급속 부분과 완속 부분이 다 있는 셈입니다. 이 규격을 따르는 국내 출

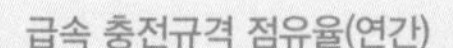
급속 충전규격 점유율(연간)

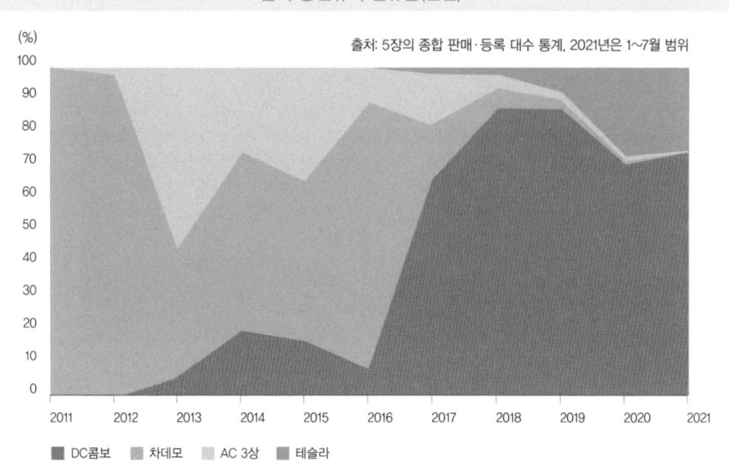

시 차종의 예를 들면 다음과 같습니다.

i3, 스파크, 아이오닉(2017년형부터), 아이오닉5, 쏘울(2019년형 "부스터"부터), 볼트, 니로, 코나, EV6, i-Pace, EQC, e-Tron, 조에, e208/2008, EV Z, DS3, 타이칸, 포터, 봉고 등

한눈에도 매우 종류가 다양하다는 것을 볼 수 있습니다. 그리고 실제로 급속 충전을 지원하는 승용 및 화물 전기자동차를 놓고 볼 때 국내 판매량 기준으로 2019년 87%, 2020년 71%(테슬라 27%)를 차지하는 등 가장 일반적인 충전규격이기도 합니다.

그러나 한국 표준이 아닌 급속 규격을 쓰는 차량을 여전히 도로에서 찾아볼 수 있습니다. 제조사 공용 비표준 규격과 지원 차량은 다음과 같습니다.

차데모 충전 플러그

AC 3상 충전 플러그

가) 차데모(CHAdeMO, 일명 DC차데모)

렉서스 UX 300e, 리프(2020년 5월 단종), 아이오닉(2016년형), 쏘울(2018년형까지), 레이(2018년 단종), 블루온(2012년 단종)

나) AC 3상(7핀 규격, 완속 공용)

SM3 ZE(2020년 말 단종)

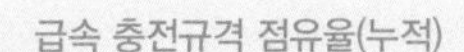
급속 충전규격 점유율(누적)

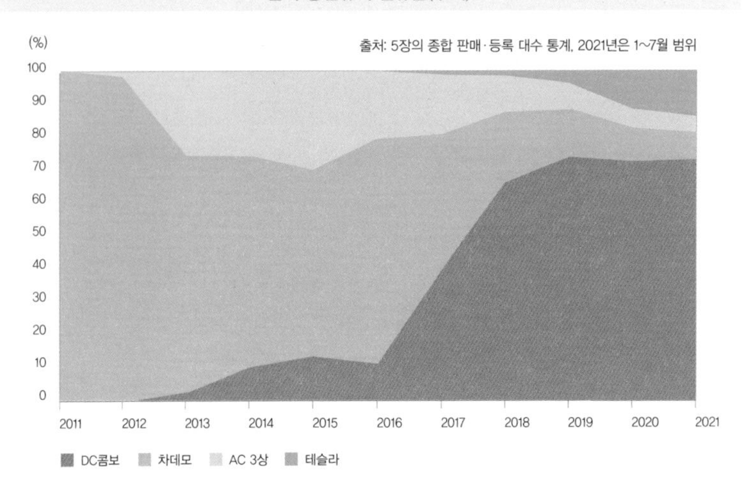

지금 전기자동차를 구매하시는 분들은 믿기 힘들 수 있겠지만, 우리나라에 전기자동차가 보급되기 시작할 때만 해도 위의 두 표준이 가장 널리 사용되었습니다. 르노삼성은 SM3 ZE 단일 차종을 10년 가까이 팔면서 AC 3상을 고집했고, 현대·기아자동차는 국내 표준이 정해지기 전까지 차데모 규격에 대응한 전기자동차를 꾸준히 출시했기 때문입니다.

당시 DC콤보를 채택한 차량은 i3와 쉐보레 스파크가 있었지만, 소수에 불과했습니다. 오래된 급속 충전기 중에 DC콤보 없이 차데모와 AC 3상 케이블만 있는 기종이 있는 것 또한 이것과 무관하지 않습니다. 변두리 표준 취급받던 DC콤보가 표준 지위를 얻으면서 상황이 급격하게 역전되어 지금에 이르고 있습니다.

이유가 어찌 되었든, 앞에서 본 두 규격은 DC콤보의 급속 충전부와 호환되지 않으므로 DC콤보 전용 급속 충전기를 쓸 수 있도록 하는 어댑터나 젠더가 존재하지 않습니다. 2019년에 "전기용품 및 생활용품 안전관리법"이 개정되면서 법적으로 어댑터·젠더 제작 및 사용이 허용되기는 했으나 기술적으로 개발하기는 어려우므로 추후라도 나올 것을 기대하기 어렵습니다.

공용 완속 충전규격

DC콤보 플러그 위쪽의 완속 충전부만 사용하면 완속 충전이 됩니다. 이 AC 단상 5개 핀 중 3개가 전원 공급을 담당하고(전원, 중성, 접지) 나머지 2개는 충전 제어와 접속 감지용입니다.

급속 규격으로 차데모를 채택한 차량의 완속 규격은 DC콤보와 같은 AC 단상 5핀입니다. 차데모 단자가 완속을 지원하지 않아서 별도

AC 단상 5핀 완속 충전 플러그

닛산 리프의 차데모(왼쪽), AC 단상 5핀(오른쪽) 충전구

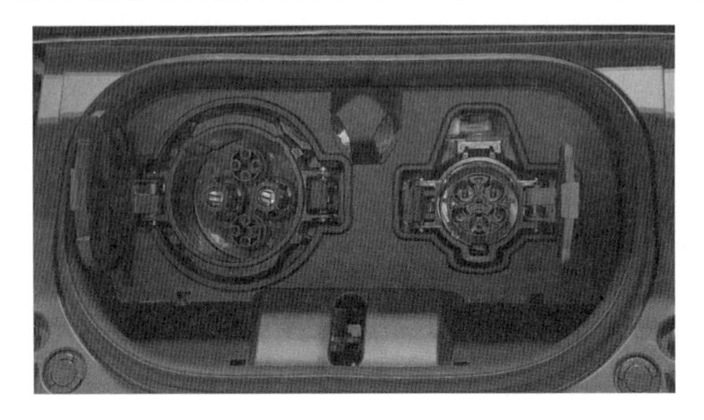

의 AC 단상 5핀 단자가 탑재되는 형태입니다. 그러므로 완속 충전기를 쓸 때 별도의 어댑터나 젠더가 필요 없습니다.

차데모 규격을 사용하는 아이오닉(2016년형)은 완속 충전구가 운전석 근처의 앞쪽에, 차데모 충전구가 차량 뒤쪽에 있습니다. 그리고 닛산 리프나 기아 쏘울은 차량 앞에 두 충전구가 같이 있습니다.

반면에 급속 규격이 AC 3상이면, 해당 플러그가 급속과 완속을 동시에 지원하기는 하나 표준 완속 충전구보다 핀 수가 2개 많습니다. 3상의 나머지 2상을 공급해야 하기 때문입니다. 그래서 5핀-7핀 젠더 또는 변환 케이블을 사용하면 표준 완속 충전기에서 완속 충전이 가능합니다.

인기 질문 4 SM3 ZE용 어댑터나 젠더를 자세히 알려주세요.

SM3 ZE는 AC 3상 7핀 단자를 통해 급속과 완속 충전을 모두 할 수 있습니다. 급속 충전기를 쓸 때 "AC 3상"이라고 쓰여 있는 케이블을 차량에 바로 꽂으면 되고, 완속 충전기는 통상적으로 AC 단상 5핀 단자만 달려있으므로 5핀-7핀 변환을 해주는 장치가 필요합니다.

먼저 **완속 충전**에 대해 보면, 신차 구입 시 제공되는 완속 충전 케이블이 대표적인 변환 장치입니다. 이것은 5핀→7핀으로 변환해주는 충전케이블입니다. 케이블의 5핀 쪽은 충전기에 달린 충전구에 꽂고, 반대편인 7핀 쪽을 차량에 꽂아 씁니다.

요즘에는 이 케이블을 간소화한 젠더도 판매되고 있습니다. 이 제품은 르노삼성과 관계없는 곳에서 별도로 제작된 것이며, 충전기에 이미 달린 5핀 케이블에 꽂아서 7핀으로 바꿔주는 역할입니다. 완속 충전 케이블에서 중간 케이블 부분을 없애고 바로 5핀 → 7핀으로 되게 한 것이 젠더라고 보시면 됩니다. 둘 다 보편적으로 사용하는 5핀 충전구를 SM3 ZE에서 쓸 수 있게 해줍니다.

그렇다면 케이블을 젠더처럼 쓸 수 있는지 궁금해하실 수 있습니다. 즉, 충전기에 내장된 케이블에 완속 충전 케이블을 연결할 수 있냐는 것입니다. 하지만 이런 식으로는 장착이 되지 않습니다. 단자의 연결은 **[암놈]-[숫놈]** 식으로 이루어져야 한다는 것을 생각해봅시다.

고정형 완속 충전기

케이블 꽂는 충전구("타입B")는 **5핀 [숫놈]**

내장 케이블("타입C")는 **5핀 [암놈]**

충전용 케이블·젠더

SM3 ZE 완속 충전용 케이블은 **5핀 [암놈] – 7핀 [암놈]**

현기차 등 다른 차량용 케이블은 **5핀 [암놈] – 5핀 [암놈]**

SM3 ZE 충전젠더는 **5핀 [숫놈] – 7핀 [암놈]**

그러므로 젠더는 충전기 측 내장 케이블에 꽂아 쓰게 됩니다(**[숫놈]-[암놈]**). 하지만 충전 케이블을 내장 케이블에 연결해서 연장선처럼 쓰는 것은 안 됩니다

([암놈]-[암놈]).

한편, **급속 충전**도 가능한지 궁금해하시는 분들이 있습니다. DC콤보 규격에 AC 완속 5핀 단자가 포함되므로, 여기에 앞서 본 7핀 젠더를 끼우면 충전할 수 있지 않을까 하는 경우가 있습니다. 물론 DC콤보 단자 규격이 DC 급속 2핀과 AC 단상 5핀 단자의 조합으로 이루어져 있는 것은 맞습니다. 그래서 플러그만 보면 완속 충전기에서 보던 5핀이 존재하니까 여기에 변환 케이블을 연결하면 SM3 ZE도 어떻게든 충전이 되려나 하고 생각하신 것으로 보입니다.

그러나 안타깝게도 DC콤보로 급속 충전할 때 충전 전력은 급속 핀으로만 전달되고 AC 단상 핀은 통신 신호 위주로만 오갑니다. 즉, SM3 ZE에서 원하는 AC 충전 전력이 플러그에서 나오지 않습니다. 그래서 DC콤보 전용 급속 충전기가 있다면, 아무리 케이블이나 젠더를 가져와도 SM3 ZE를 충전시킬 수는 없습니다.

테슬라 전용 충전규격

테슬라 차량은 자체 충전규격을 사용합니다. 공용 급속 규격을 쓰려면 테슬라-차데모 어댑터(초창기에 출시) 또는 테슬라-DC콤보 어댑터(2021년 하반기 출시)를 사용하면 됩니다.

반대로 DC콤보·차데모 차량이 테슬라 전용 급속 충전기(슈퍼차저)를 쓰기 위한 어댑터·젠더는 없으며, 테슬

테슬라-차데모 어댑터로 충전 중인 테슬라 모델S

테슬라 충전 플러그

라 전용 완속 충전기(데스티네이션차저 등)용 어댑터는 개발된 적이 있으나 충전기 차원에서 타사 차량을 허용하지 않는 사례가 보고된 바 있습니다. 충전기가 연결된 차량을 식별하고 소유자 계정으로 요금을 청구하기 때문입니다. 각 충전기의 모습은 다음 단원에서 확인해볼 수 있습니다.

인기 질문 5 100kW급 이상 충전기는 왜 DC콤보나 테슬라만 있나요?

100kW 이상으로 충전이 가능한 이른바 초급속 충전기가 본격적으로 보급되기 시작하면서, 기존에 사용하던 차데모나 AC 3상 규격에 대해서도 지원할 수 있게 될지 궁금해하시는 분이 계십니다.

차데모는 기술 규격상 100kW 이상의 충전 지원이 가능합니다. 그리고 종주국인 일본은 물론 시장 규모가 큰 미국이나 유럽 등지에 100kW를 지원하는 차데모 충전기가 보급된 바 있습니다. 그러나 한국에서는 표준으로 채택되지 않으면서 지원 차량도 서서히 단종되었고, 충전기 투자도 크게 줄어들었습니다. 그나마 조금씩 추가된 충전기도 50kW급에 머물렀습니다. 그래서 국내에서 판매된 차데모 지원 차량 중 100kW 충전을 지원하는 차종도 없다시피 하고, 100kW를 지원하는 충전기 또한 사실상 없습니다.

AC 3상을 통한 급속 충전은 유럽에서 예전에 쓰던 표준입니다. 그런데 이 방식으로는 43kW 이상의 출력을 지원하기 힘들어서 유럽에서도 더 빠른 속도가 가능한 DC콤보 타입 2(CCS Type 2)로 전환하게 되었습니다. 한국과 미국에서 쓰는 DC콤보 타입 1(CCS Type 1)과의 차이는, 완속 충전을 AC 3상으로 하냐, AC 단상으로 하냐에 있습니다. 즉, 유럽은 AC 3상을 완속용으로 남겨두고 DC 급속을 추가한 규격을 사용하게 된 것입니다.

그리고 결정적으로, 국내에서 AC 3상을 사용하는 차량은 SM3 ZE밖에 없는데다 2012년 출시 후 2020년 단종 때까지 충전 속도나 규격이 개선되지도 않았습니다. 더 빠른 속도를 충전기에서 지원하려는 노력도 불필요했던 것입니다. 이 결과, 우리나라에서는 정부 지원을 받아 설치되는 신규 충전기 중 국내 표준인 DC콤보 규격만 100kW 이상의 충전기가 설치되고 있습니다. 2019~2020년에는 100kW급이 많이 보급되었고 2021년 이후부터는 200kW급도 설치가 본격화되고 있습니다.

한편, 테슬라가 자체적으로 운영하는 슈퍼차저 급속 충전기는 자사 차량만 지원하면 되기 때문에 독자적으로 운영 및 업그레이드를 하고 있으며 대부분 100kW 이상을 지원하고 있습니다. 2020년부터 본격 도입되기 시작한 V3 슈퍼차저는 250kW를 지원합니다.

고정형 충전기의 종류 구분하기

전기자동차 충전에 익숙해지려면 급속과 완속 충전기를 구분하는 것부터 시작하는 것이 좋습니다. 사진에서 두 방식이 함께 있으므로 기본적인 차이를 가늠하기 쉽습니다.

• **급속 충전기(왼쪽)**
덩치가 크며, 굵고 무거운 케이블이 달려있음
• **완속 충전기(오른쪽)**
덩치가 작으며, 가늘고 가벼운 케이블이 달려 있음

급속 충전기가 커지게 되는 이유는 고압, 고용량 전기를 전달하기 위한 변압기가 여러 개 들어가기 때문입니다. 케이블도 높은 전류를

나주시 남평읍사무소 앞 급속(왼쪽), 완속(오른쪽) 충전기

이마트 목포점에 설치된 한국전력 50kW급 3규격 급속 충전기

나주 혁신도시 호수공원에 설치된 환경부 DC콤보 전용 200kW급 급속 충전기

아파트에 설치된 한국전력 완속 충전기(스탠드형)

감당해야 하므로 상당히 묵직합니다. 반면에 완속 충전기는 220V로 받은 전기를 그대로 보내면서 제어 및 계량만 하면 되기 때문에 충전기 내부가 간단하고 크기도 작게 만들 수 있습니다.

급속 충전기는 시대에 따라 모양새가 계속 바뀌고 있습니다. 지원하는 충전규격 수가 달라지기 때문입니다.

2019년까지 널리 설치되던 50kW급 급속 충전기는 이렇습니다. 2017년에 DC콤보가 표준으로 정해졌지만, 차데모와 AC 3상 차량의 비중도 무시할 수 없다보니 세 규격을 모두 지원하기 위해 케이블도 3개입니다.

그러나 2020년부터 설치되는 신규 급속 충전기는 100kW 이상을 지원하기 위해 DC콤보만 지원하는 형태가 대세로 자리 잡았습니다.

완속 충전기는 가느다란 스탠드형과 기둥·벽에 설치할 정도로 간소화된 벽부형을 흔히 볼 수 있습니다. 대부분 7kW급이고 AC 단상 5핀 규격입니다. 본체에 별도의 케이블을 꽂을 수 있는 충전구가 있

행정복지센터에 설치된 지차저 완속 충전기(벽부형)

롯데호텔 제주에 있는 테슬라 슈퍼차저 충전기

서울 청담스토어에 있는 테슬라 데스티네이션차저 충전기

다면, 완속 충전 케이블을 꽂은 뒤 충전 타입을 "B타입"으로 선택하고 사용하면 됩니다.

테슬라 전용 충전기는 앞서 본 공용 충전기와 차별화된 모습을 하고 있는데, 충전 속도별로 쉽게 구분됩니다. 급속인 슈퍼차저는 가운데가 비어 있는 주유기와 같은 모양이며, 충전케이블이 안쪽에 달려 있습니다. 완속인 데스티네이션차저는 일반 완속 충전기와 비슷하나, 좀 더 날렵하게 생겼습니다.

인기 질문 6 장소나 속도에 따라 단가를 알 수 있나요?

요금체계는 사업자가 정하는 바를 따릅니다. 급속 충전기의 설치 및 운영 비용이 완속 충전기보다 비싸므로 충전단가 또한 더 비싸다고 생각할 수도 있지만, 실상은 꼭 그렇지는 않습니다. 사업자에 따라서 두 방식의 요금을 같게 매기기도 하고, 완속을 더 저렴하게 책정하기도 합니다. 그러므로 완속이 무조건 더 쌀 것이라고 섣불리 단정했다가는 낭패를 봅니다. 대표적인 사업자 중에서는 다음과 같이 구분됩니다. 자세한 내용은 3장의 충전요금 정보를 참고하시기 바랍니다.

급속과 완속이 동일: 한전(아파트)
완속이 약간 저렴: 차지비, 해피차저, 조이이브이, SK일렉링크
완속이 훨씬 저렴: 지차저, 대영채비, 에버온, 파워큐브, K차저

한편, 설치 위치로 급속/완속 설치 상태를 일반화할 수도 없으며, 어떻게 요금을 받을지도 단정 짓기 어렵습니다. 완속만 있는 관공서나 마트, 두 종류 다 있는 관공서나 마트, 급속만 있는 관공서나 마트도 있습니다. 아파트에도 완속만 있는 경우, 급속만 있는 경우, 둘 다 있는 때도 있습니다. 가격은 물론 사업자마다 다릅니다. 위치가 아니라 사업자 정보를 확인하는 것이 중요합니다.

인기 질문 7 주유소 내에도 전기자동차 충전소가 있나요?

사람들은 주유소에 가서 자동차의 에너지를 보충하는 데 익숙해져 있으므로, 주유소에 전기자동차 충전 시설이 설치되는 것이 자연스러운 진화의 단계라고 여기기도 합니다. 하지만 에너지를 융통하는 방법이 전혀 다른 사업 분야이기 때문에 운영하는 회사의 의지에 크게 좌우되는 일입니다.

그래서 예전부터 개별 주유소가 공용 충전기 설치를 유치한 사례가 종종 있었으나, 국내 정유회사들이 자체적인 브랜드를 내세워 전기자동차 충전사업을 본격화한 것은 2019년에야 일어나기 시작했습니다. 그런데 아직도 설치된 곳이 전체 주유소 수에 비하면 극히 적고, 지역 편차도 심해서 일부 지역을 제외하고는 보기 힘든 것 또한 사실입니다.

수원에 있는 SK에너지 주유소에 설치된 100kW급 급속 충전기

현재까지 주요 4개 정유회사 중 S-Oil을 제외한 세 군데에서 직영점 위주로 충전기를 설치하여 운영하고 있으며, SK는 SK네트웍스와 SK에너지가 별도의 브랜드로 사업하고 있습니다. 그 현황은 다음과 같습니다(환경부 2021년 7월 기준, 5장 참고).

GS칼텍스: GS칼텍스 EV 충전소(https://www.gscev.com/), 79개 주유소
SK네트웍스: evMost(http://www.evmost.com/), 15개 주유소
SK에너지: SK EV Charger(https://www.skevcharger.com/), 37개 주유소
현대오일뱅크: 충전사업자 차지인과 제휴하여 충전기 설치, 4개 주유소

이동형 충전기와 완속 충전 케이블

휴대하면서 전기자동차를 충전하는 데 사용하는 장치는 크게 두 종류입니다.

이동형 충전기

완속 충전 케이블

둘 다 케이블이 대부분을 이루고 있어서 충전기마저도 케이블이라고 부르는 충전사업자나 제조사가 있을 정도이나, 각각의 용도가 다소 다르므로 혼란을 방지하기 위해 여기서는 충전기와 케이블로 구분하도록 하겠습니다.

이동형 충전기는 비상용 충전기, 휴대용 충전기로도 불리며, 한쪽

현대자동차 순정 이동형 충전기(위) & 순정 완속 충전 케이블(아래)

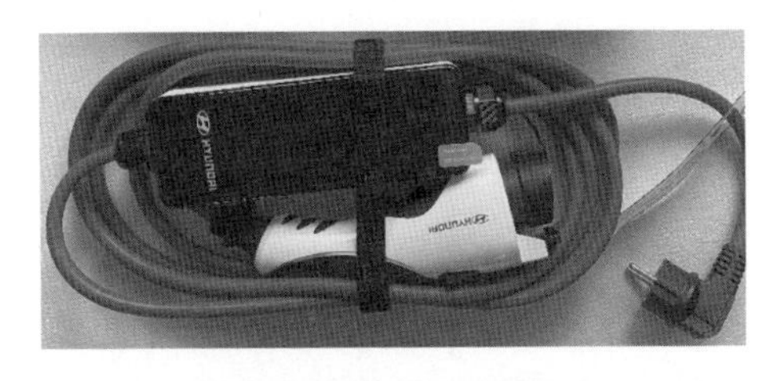

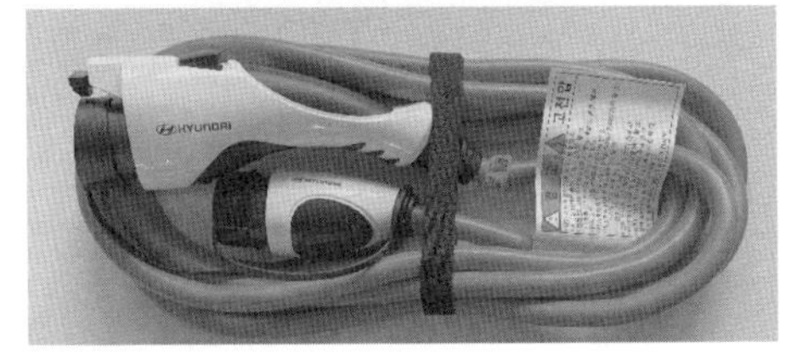

끝이 220V 플러그이고 반대쪽 끝이 차량에 꽂히는 AC 단상 5핀 완속 플러그이면서 중간에 제어회로가 있습니다. 대부분은 케이블 중간에 제어회로가 담긴 상자가 달려 있으나, 충전 플러그에 통합되어 간소화를 꾀한 모델도 있습니다.

이러한 충전기는 일반 콘센트에 꽂고 전기자동차를 충전하는 데 사용합니다. 충분한 용량의 전기가 공급되는 곳이라면 어디든 기술적으로는 차량을 충전시킬 수 있는 온전한 "충전기"인 셈입니다.

시중에서 판매하는 모델 중 가장 충전 속도가 빠른 것은 일반 콘센트의 출력 한계인 3.6kW(220V 16A)까지 끌어 쓰는 것도 있습니다. 이 경우 과열이 되지는 않는지 점검하며 쓰는 것이 좋습니다. 자동차 제조사에서 옵션으로 지급하는 모델은 2.6kW(220V 12A) 안팎의 속도로 충전하는 것을 지원하므로 안전한 편이지만 그만큼 충전 시간이 길어집니다.

이와 달리 **완속 충전 케이블은** 양쪽 모두 AC 단상 5핀 완속 플러그이며, 중간에 특별한 장치가 없습니다. 양쪽 끝의 플러그가 같은지만 보아도 휴대형 충전기에서 구분할 수 있습니다. 이 케이블의 역할은 케이블이 내장되어 있지 않은 고정형 완속 충전기에 꽂아서 차량을 충전하는 것입니다. 휴대용 충전기와 달리 이것만으로 충전할 수는 없고, 기존 충전기와 함께 쓰는 도우미와 같은 것입니다.

완속 충전기에 케이블을 연결해서 쓸 때 케이블 타입(Type)을 물어보는 화면이 나온다면 B타입(Type B)을 선택하면 됩니다. C타입(Type C)은 내장 케이블을 사용할 때 선택합니다.

이동형 충전기와 완속 충전 케이블은 차량을 구매할 때 제조사 옵션으로 선택하거나(현대자동차의 "충전 어시스트" 옵션은 둘을 모두 제공함) 시중에서 신품 또는 중고로 비교적 손쉽게 구할 수 있습니다. 참고로, 완속 충전 케이블은 해외에서 쓰지 않는 규격이라 해외 사이트에서 구하기는 어렵습니다.

인기 질문 8 휴대용 충전 제품이 저에게 필요할까요?

환경에 따라서 쓸모 있을 수도 있고 계륵일 수도 있습니다. 차량을 구매할 때 옵션으로 선택하게 한 것도 그만한 이유가 있는 것입니다.

먼저, **이동형 충전기**는 콘센트가 있다고 아무 데서나 함부로 쓰면 안 됩니다. 콘센트의 주인이거나 주인에게 사용 허락을 받지 않았다면 절도죄(도전)에 해당하기 때문입니다. 에어컨이나 전열기처럼 전기를 상당히 많이 소비하기 때문에(2,000W 이상) 휴대전화 충전기를 꽂는 것(10~20W)과는 차원이 다릅니다.

아파트 거주자가 주차장에 있는 콘센트를 쓰고자 한다면, 관리사무소와 정산 방법 등을 사전 협의할 필요가 있습니다. 충전사업자에게서 구매한 이동형 충전기의 경우 지정된 콘센트에서만 사용이 가능할 수 있습니다. 자세한 내용은 3장의 아파트에서 충전하는 방법을 참고하시기 바랍니다.

개인 주택에서 쓴다던가 사용하는 콘센트가 명백히 본인 소유라면 법적 문제는 없습니다. 그런데 일반 가정집(=주택용 전기로 계약)에서 쓰게 되면 스마트 계량기가 설치되어 있지 않은 한 누진제가 적용됩니다. 일반 가정의 월 전력 사용량은 대부분 200~400kWh 범위인데, 여기에 추가로 전기자동차 충전을 하게 되면 외부 급속 충전 요금 수준으로 충전하게 됩니다. 일반용 전기(예: 상가, 건물 등 소유/운영)를 쓸 수 있어야 쓸 만합니다. 누진제 적용이 되지 않아 충전 비용이 공용 충전기보다 덜 나오기 때문입니다.

충전 속도 면에서는 고정형 완속 충전기보다 현저히 느립니다. 코나 일렉트릭 기준으로 고정형에서 0 → 100% 충전을 하면 10시간 정도 걸리지만, 충전 어시스트 옵션으로 제공하는 이동형 충전기를 쓰면 30시간 이상 걸립니다. 달리 말하면 시간당 13km 정도 주행거리가 추가되는 것이므로 매일 150km 이상 주행하시는 분은 이걸로 밤사이에 충분히 충전할 수 없습니다.

결론적으로, 이동형 충전기는 콘센트 사용 환경, 일 주행거리 등이 잘 맞아야 유용합니다. 아파트가 일반적인 우리나라의 거주 여건에서는 만족스러운 경우가 적을 것으로 예상됩니다.

완속 충전 케이블은 내장 케이블이 없는 고정형 완속 충전기를 써야 할 때 필요한 것인데, 왜 이런 충전기가 등장했는지를 살펴보려면 전기자동차 보급 초창기로 돌아가 봐야 합니다. 당시에 완속 충전 규격이 AC 3상 7핀(SM3 ZE)과 AC 단상 5핀(나머지 차량)으로 이분화되었는데, 케이블만 충전기에 합법적으로 연결할 수 있었습니다. 현재는 안전 승인된 젠더나 어댑터도 사용할 수 있게 되어 문제는 되지 않지만 말입니다.

그래서 충전기에 케이블을 두 종류 모두 장착하거나 케이블 연결용 플러그를 제공해야 했는데, 원가 절감 차원에서 후자만 설치한 충전기들이 많이 등장했습니다. 차량에 맞는 케이블을 꽂아서 충전하라는 것입니다. 그리고 실제로도 차량 구매 시에 케이블을 주는 경우가 많았습니다. 반면에 해외에서 거의 판매되지 않는 것은 이렇게 한국에서만 필요한 물건이기 때문입니다.

시간이 흘러 AC 단상 5핀이 표준으로 자리 잡으면서 요즘 설치되고 있는 완속 충전기는 대부분 표준케이블을 내장하고 있습니다. 그래서 과거보다는 활용도가 떨어집니다. 주변(또는 방문할 곳)에 설치된 충전기가 케이블 없는 종류일 때를 대비해 비상용으로 가지고 있으면 나쁘지 않지만, 굳이 돈을 주고 사놓을 필요가 있는지는 직접 판단해볼 필요가 있습니다.

개인적인 생각을 말씀드리자면, 이동형 충전기든 완속 충전 케이블이든 차량 구매할 때 옵션으로 구매할 필요는 없고, 타고 다니다가 필요성을 느끼면 별도 구매를 하는 것이 경제적일 것으로 보입니다.

긴급 충전 장치 vs.
비상 견인

전기자동차의 완전 충전 후 주행가능 거리가 아직 충분하지 않다거나, 충전 시설이 충분하지 않아서 필요할 때 충전하기 힘들 수 있다는 인식 때문에 긴급 상황에서 충전하는 방법을 차량에 준비하는 것을 생각해보시는 분들이 종종 있습니다. 그런데 대부분 현실적인 대안이 되지는 못합니다.

먼저 기름을 넣어 작동하는 **비상용 발전기**를 생각해보겠습니다. 충분한 출력이 나오는 발전기는 부피와 무게만 따져도 100L, 40kg 이상 나가는 물건이라 이걸 싣고 다니는 행위 자체가 비효율적입니다. 연비 하락도 문제지만, 적재 공간도 상당 부분 포기하셔야 합니다.

게다가 3kW 출력이 나오는 발전기를 쓴다고 하더라도 1시간 동안 돌려서 20km 추가로 주행할까 말까 합니다. 우리나라에는 급속 충전기들이 제법 많이 설치되어 있어서 외진 데에 멈추더라도 긴급출동을 불러서 주변의 급속 충전기로 견인하는 게 더 효율적입니다. 최신 차량이 아니더라도 급속 충전기에서 5분 충전하면 20km 이상은 갑니다.

그리고 부차적인 문제이지만 비상 발전기에서 나오는 AC 파형이 깨끗하지 않은 경우가 있습니다. 잘못하면 휴대용 전기차 충전기 또는 차량 내부 충전회로(OBC) 고장의 원인을 제공할 수도 있습니다. 품질 좋은 발전기는 그만큼 비싸므로 금전적으로도 효율적이지 않습니다.

그러면 LPG 차량에 휴대용 부탄가스를 연결하는 것처럼 전기자동차용 **비상 여분 배터리**를 출시하면 안 될까 하는 분이 계십니다. 그런데 이것은 내연기관 차량의 주행거리가 나올 정도로 전기자동차에 배터리를 쉽사리 넉넉하게 넣지 못하는 이유를 간과하는 것입니다. 현재 기술로 만든 배터리는 무겁고, 단위 용량당 가격이 제법 비쌉니다. 그러므로 많이 넣을수록 주행 효율이 떨어지고, 가격도 매우 비싸집니다.

하물며 별도의 비상 충전용 배터리를 만든다고 하면 무게나 가격 측면에서 경쟁력이 있을지 고민할 수밖에 없습니다. 전기자동차에 공급되는 배터리를 바탕으로 1kWh 용량에 해당하는 셀의 특성을 어림잡아 보면 7kg은 나가고 가격은 30만 원 정도 됩니다. 물론 충전회로는 별도입니다. 이 정도 에너지로 효율적인 전기자동차가 6~7km 정도 주행할 수 있습니다.

현대자동차에서 운영하는 "찾아가는 충전 서비스" 차량

이 배터리가 차량을 충전시키려면 완속 충전을 해야 하니 10~20분은 잡아야 할 것입니다. 적은 용량의 배터리를 급속도로 방전하면 수명이 급격하게 줄어들기 때문에 급속 충전은 어렵습니다. 안전하게 20km 가고 싶으면 부품값으로 100만 원 이상 들 것이고(배터리 관리 및 충전회로의 비용까지 고려했을 때) 20kg 정도의 짐을 차량에 계속 싣고 다니셔야 합니다. 비상 충전도 1시간 정도 걸릴 것을 예상해야 합니다.

쉽게 말해, 슈퍼에서 부탄가스를 사서 비상 조치하거나, 기름통에 휘발유를 채워서 긴급 주유하는 것과는 차원이 다릅니다. 앞서 언급했듯이 긴급출동 서비스를 불러 가까운 급속 충전기로 이동해서 충전하는 것이 합리적이고 저렴하며 빠르게 조치하는 법입니다.

참고로, 두 방법 모두 견인차 또는 긴급출동용 차량에 맞게 나온 제품이 존재하기는 합니다. 현대·기아자동차가 "찾아가는 충전 서비스"를 제공하기 위한 차량에 충전기와 배터리를 탑재하고 있는 것도 비슷한 예입니다. 그러나 개인이 구매해서 관리할 만한 물건이 아니고, 차에 상시로 비치해서 쓸 만한 것도 아니라는 점은 변함이 없습니다.

충전 방해를 하지 않으려면

기본 내용

전기자동차 충전소는 주차장이나 차량이 주차하기 편한 공간에 설치되는 일이 흔합니다. 급속 충전기를 이용하더라도 적당히 충전하는 데 수십 분이 걸리는 것이 일반적이기 때문입니다. 초급속 충전기와 이를 지원하는 차종이 등장하고 있지만, 아직 소수입니다.

여기에는 두 가지 문제가 발생하기 쉽습니다. 하나는 일반 차량이 주차해버리는 것이고, 다른 하나는 전기자동차가 충전하지도 않으면서 (또는 이미 충전이 끝났음에도) 전용 주차 공간인 것처럼 이용하는 것입니다. 둘 다 충전이 필요한 차량의 기회를 박탈하기 때문에 현행 법령에서 이를 막고자 노력하고 있습니다. 이것이 이른바 전기자동차

나주시 빛가람동 행정복지센터에 있었던 전기자동차 전용 충전구역 안내 표지판

충전 방해 금지법인데, 엄밀히 말하면 하나의 법이 아니라 여러 법에서 정한 제재 규정의 총칭입니다. 가장 핵심적인 내용은 다음과 같습니다.

1. 장소: 공공건물 및 공중이용시설, 공동 주택(100세대 이상 아파트 등)
2. 시설: 모든 충전기(완속은 단독주택, 500세대 미만 아파트 등 제외)
3. 제재 사항

<table>
<tr><th>위반행위</th><th>과태료</th></tr>
<tr><td>전기자동차나 PHEV가 아닌 일반 차량을 충전구역에 주차</td><td rowspan="5">10만 원</td></tr>
<tr><td>전기자동차나 PHEV 충전행위 외의 용도로 사용</td></tr>
<tr><td>충전구역 안·주변·진입로에 물건을 쌓거나 주차하여 충전 방해</td></tr>
<tr><td>급속 충전 시작한 이후 1시간이 지난 때까지 계속 주차</td></tr>
<tr><td>완속 충전 시작한 이후 14시간이 지난 때까지 계속 주차</td></tr>
<tr><td>충전구역 구획선·문자를 지우거나 훼손</td><td rowspan="2">20만 원</td></tr>
<tr><td>충전 시설을 고의로 훼손</td></tr>
</table>

엄밀히 말하면, 위에 나열된 행위는 장소와 시설에 상관없이 법에서 과태료를 부과할 수 있는 위반행위로 규정하고 있습니다. 다만 시행령의 구체적인 부과 기준에서 과태료 액수가 이렇게 정의되어서 나머지는 단속 대상에서 제외되었을 뿐입니다.

2022년 시행령이 개정되면서 의무적인 단속 범위에 아파트가 추가되었습니다. 그러나 주차 공간이 부족해지기 쉬운 아파트 주차장 일부를 전기자동차 충전소로 운영해야 하는 현실에서 단속이 강제되면 일반 차주와 전기자동차 차주 간 갈등이 심해질 수 있습니다. 그래서 아직 단속에 일부 예외를 둘 수 있게 하고 있습니다.

한편, 급속 충전을 1시간 이상 하는 것도 과태료 대상이라는 것에는 한 사람이 급속 충전기를 오래 점유하지 말라는 의도가 깔려 있습니다. 급속은 빨리 충전하고 다음 사람에게 양보해야 취지에 맞는다는 것입니다. 이 점을 반영하여 환경부가 운영하는 충전기는 1회 40분 충전 시간제한이 있고, 대구환경공단 충전기는 60분으로 제한하고 있습니다.

만약 대기자가 없다면 충전 완료 후 다시 이어서 해도 무리는 아니지만, 이후 누군가 온다면 충전량을 고려해서 양보하는 배려를 할 필요가 있습니다. 물론 충전이 끝났다면 계속 주차할 것이 아니라, 신속하게 자리에서 나와야 합니다. 일부 민간 운영 충전소는 충전 완료 후 일정 시간이 지나면 점유 비용을 충전요금에 추가하여 장시간 주차를 억제하고자 합니다.

법적 근거

전기자동차 충전 방해 금지의 기본적인 근거는 "환경친화적 자동차의 개발 및 보급 촉진에 관한 법률"에서 찾을 수 있습니다. 전기자동차와 플러그인 하이브리드(PHEV) 외에 충전구역에 주차할 수 없고, 구체적인 충전 방해행위는 시행령으로 정하며, 이를 어기는 사람을 단속할 수 있다는 내용입니다. 과태료의 상한선도 정하고 있는데, 시행령에 실제 금액이 나옵니다.

제11조의 2(**환경친화적 자동차의 전용주차구역 등**)

⑦ 누구든지 다음 각 호의 어느 하나에 해당하지 아니하는 자동차를 환경친화적 자동차 충전시설의 충전구역에 주차하여서는 아니 된다.

1. 전기자동차
2. 외부 전기 공급원으로부터 충전되는 전기에너지로 구동 가능한 하이브리드자동차

⑧ 누구든지 다음 각 호의 어느 하나에 해당하지 아니하는 자동차를 환경친화적 자동차의 전용주차구역에 주차하여서는 아니 된다.

1. 전기자동차
2. 하이브리드자동차
3. 수소전기자동차

⑨ 누구든지 환경친화적 자동차 충전시설 및 충전구역에 물건을 쌓거나 그 통행로를 가로막는 등 충전을 방해하는 행위를 하여서는 아

니 된다. 이 경우 충전 방해행위의 기준은 대통령령으로 정한다.

⑩ 시장·군수·구청장은 교통, 환경 또는 에너지 관련 공무원 등 소속 공무원에게 제7항 및 제8항을 위반하여 환경친화적 자동차 충전시설의 충전구역 및 전용주차구역에 주차하고 있는 자동차를 단속하게 할 수 있다.

제16조(**과태료**)

① 제11조의2제9항을 위반하여 충전 방해행위를 한 자에게는 100만 원 이하의 과태료를 부과한다.

② 제11조의2 제7항 및 제8항을 위반하여 환경친화적 자동차 충전시설의 충전구역 및 전용주차구역에 주차한 자에게는 20만 원 이하의 과태료를 부과한다.

③ 제1항 및 제2항에 따른 과태료는 관할 시장·군수·구청장이 부과·징수하며, 과태료를 부과하는 위반행위의 종류와 위반 정도에 따른 과태료의 금액 등은 대통령령으로 정한다.

그럼 위에서 계속 말하는 대통령령인 "환경친화적 자동차의 개발 및 보급 촉진에 관한 법률 시행령"을 살펴봅시다.

제18조의 5(**전용주차구역 및 충전시설의 설치 대상시설**)

법 제11조의 2 제1항 각 호 외의 부분에서 "대통령령으로 정하는 시설"이란 다음 각 호에 해당하는 시설로서 「주차장법」에 따른 주차단위구획의 총 수(같은 법에 따른 기계식주차장의 주차단위구획의 수는 제외하며, 이하 "총주차대수"라 한다)가 50개 이상인 시설 중 환경친화적 자동차 보급현황·보급계획·운행현황 및 도로여건 등을 고려하여 특별시·광역시·특별자치시·도·특별자치도(이하 "시·도"라 한다)의 조례로 정하는 시설을 말한다. 〈개정 2022. 1. 25.〉

1. 공공건물 및 공중이용시설로서 「건축법 시행령」 제3조의5 및 별표 1에 따른 용도별 건축물 중 다음 각 목의 시설
가. 제1종 근린생활시설
나. 제2종 근린생활시설
다. 문화 및 집회시설
라. 판매시설
마. 운수시설
바. 의료시설
사. 교육연구시설
아. 운동시설
자. 업무시설
차. 숙박시설
카. 위락시설
타. 자동차 관련 시설
파. 방송통신시설
하. 발전시설
거. 관광 휴게시설

2. 「건축법 시행령」 제3조의5 및 별표 1 제2호에 따른 공동주택 중 다음 각 목의 시설

가. 100세대 이상의 아파트

나. 기숙사

3. 시·도지사, 특별자치도지사, 특별자치시장, 시장·군수 또는 구청장이 설치한 「주차장법」 제2조제1호에 따른 주차장

제18조의 7(**충전시설의 종류 및 수량 등**)

① 법 제11조의2제1항 및 제2항에 따른 환경친화적 자동차 충전시설은 충전기에 연결된 케이블로 전류를 공급하여 전기자동차 또는 외부충전식하이브리드자동차(외부 전기 공급원으로부터 충전되는 전기에너지로 구동 가능한 하이브리드자동차를 말한다. 이하 같다)의 구동축전지를 충전하는 시설로서 구조 및 성능이 산업통상자원부장관이 정하여 고시하는 기준에 적합한 시설이어야 하며, 그 종류는 다음 각 호와 같다.

1. **급속충전시설**: 충전기의 최대 출력값이 40킬로와트 이상인 시설
2. **완속충전시설**: 충전기의 최대 출력값이 40킬로와트 미만인 시설

제18조의 8(**환경친화적 자동차에 대한 충전 방해행위의 기준 등**)

① 법 제11조의2제9항 후단에 따른 충전 방해행위의 기준은 다음 각 호와 같다. 〈개정 2021. 5. 4., 2022. 1. 25.〉

1. 환경친화적 자동차 충전시설의 충전구역(이하 "충전구역"이라 한다)

내에 물건 등을 쌓거나, 충전구역의 앞이나 뒤, 양 측면에 물건 등을 쌓거나 주차하여 충전을 방해하는 행위

2. 환경친화적 자동차 충전시설 주변에 물건 등을 쌓거나 주차하여 충전을 방해하는 행위
3. 충전구역의 진입로에 물건 등을 쌓거나 주차하여 충전을 방해하는 행위
4. 제2항에 따라 충전구역임을 표시한 구획선 또는 문자 등을 지우거나 훼손하는 행위
5. 환경친화적 자동차 충전시설을 고의로 훼손하는 행위
6. 전기자동차 또는 외부충전식하이브리드자동차를 제18조의7제1항제1호에 따른 급속충전시설의 충전구역에 2시간 이내의 범위에서 산업통상자원부장관이 정하여 고시하는 시간이 지난 후에도 계속 주차하는 행위
7. 전기자동차 또는 외부충전식하이브리드자동차를 제18조의7제1항제2호에 따른 완속충전시설(산업통상자원부장관이 주택규모와 주차여건 등을 고려하여 고시하는 단독주택 및 공동주택에 설치된 것은 제외한다)의 충전구역에 14시간 이내의 범위에서 산업통상자원부장관이 정하여 고시하는 시간이 지난 후에도 계속 주차하는 행위
8. 환경친화적 자동차의 충전시설을 전기자동차 또는 외부충전식하이브리드자동차의 충전 외의 용도로 사용하는 행위

② 시·도지사는 충전구역에 산업통상자원부장관이 정하여 고시하

는 구획선 또는 문자 등을 표시하여야 한다.

제21조(**과태료의 부과기준**) 법 제16조 제1항 및 제2항에 따른 과태료의 부과기준은 별표와 같다.

충전기를 설치할 수 있는 곳, 급속·완속 충전기의 분류 기준, 그리고 충전 방해행위가 구체적으로 어떤 것인지까지 자세하게 정의하고 있습니다. 과태료를 어떻게 부과하는지 별표의 핵심 내용도 확인해 봅시다.

과태료의 부과기준(제21조 관련)

1. 일반기준

다. 부과권자는 아파트에 설치된 전용주차구역(환경친화적 자동차 충전시설이 설치된 것으로 한정한다)의 수량이 해당 아파트의 입주자 등(「공동주택관리법」에 따른 입주자등을 말한다. 이하 같다)의 전기자동차 및 외부충전식하이브리드자동차의 수량과 동일하거나 초과하는 경우로서 다음의 어느 하나에 해당하는 경우에는 해당 규정에서 정한 과태료를 부과하지 않을 수 있다.

1) 아파트 관리주체 등(「공동주택관리법」에 따른 관리주체, 「집합건물의 소유 및 관리에 관한 법률」 제23조에 따른 관리단 및 같은 법 제24조에 따른 관리인을 말한다. 이하 "관리주체등"이라 한다)이 초과수량의 범위에서 전기자동차 또는 외부충전식하이브리드자동차가 아닌 자동차의 주차가 가능한 것으로 표시한 구역에 주차한 경우: 제2호가

목의 과태료

2) 아파트 관리주체등이 입주자등의 전기자동차 및 외부충전식하이브리드자동차의 수량의 범위에서 제18조의8제1항제6호 또는 제7호에 따른 산업통상자원부장관이 고시한 시간이 지난 후에도 전기자동차 또는 외부충전식하이브리드자동차를 주차할 수 있다고 표시한 구역에 계속 주차한 경우: 제2호나목의 과태료

2. 개별기준

위반행위	근거 법조문	과태료 금액
가. 법 제11조의2제7항 및 제8항을 위반하여 환경친화적 자동차 충전시설의 충전구역 및 전용주차구역에 주차한 경우	법 제16조 제2항	10만 원
나. 법 제11조의2제9항을 위반하여 이 영 제18조의8제1항제1호부터 제3호까지 또는 제6호부터 제8호까지의 규정에 따른 충전 방해행위를 한 경우	법 제16조 제1항	10만 원
다. 법 제11조의2제5항을 위반하여 이 영 제18조의6제1항제2호에 따라 환경친화적 자동차 충전시설 주변에 물건 등을 쌓거나 주차하여 충전을 방해한 경우	법 제16조 제1항	20만 원

일반기준 항목에서 과태료를 부과하지 않을 수 있는 대상으로 1) 아파트에 등록된 전기차/PHEV 대수를 초과한 충전 공간에 일반 차량이 주차하는 것, 2) 아파트에 전기차/PHEV가 허용 시간 이상으로 점유하는 것이라고 정의합니다. 이것은 아파트에 있는 전기차는 충전과 주차 공간을 동시에 확보하면서 일반 차량 주차 공간 감소에 따른 불만을 완화하려는 것으로 보입니다. 개별기준을 보면 상위 법령에서

규정한 상한보다 대폭 낮게 과태료가 책정된 것이 눈에 띕니다.

마지막으로, 전기자동차가 충전을 시작하고 자리를 계속 점유하는 것에 대해 급속은 2시간의 범위, 완속은 14시간의 범위에서 "산업통상자원부장관이 정하여 고시하는 시간"이라고 언급하는데, 이것은 "환경친화적 자동차의 요건 등에 관한 규정"에서 정의하고 있습니다.

제6조 (**충전 방해행위**)

① 영 제18조의8제1항 제6호 "산업통상자원부 장관이 정하여 고시하는 시간"이란 1시간을 말한다.

② 영 제18조의8제1항 제7호에 "산업통상자원부 장관이 정하여 고시하는 시간"이란 14시간을 말한다.

③ 영 제18조의8제1항 제7호의 "산업통상자원부장관이 정하여 고시하는 단독주택 및 공동주택"이란 다음 각 호와 같다.

1. 건축법 시행령 [별표1] 제1호에 따른 단독주택
2. 건축법 시행령 [별표1] 제2호에 따른 공동주택 중 연립주택, 다세대주택, 500세대 미만의 아파트

간혹 상위 법령만 보고 급속은 2시간이라고 착각할 수 있는데, 이렇게 1시간으로 정했으므로 급속 충전기를 이용할 때 참고하시기 바랍니다. 완속은 하위 규정에서도 14시간으로 정하고 있어 변함이 없습니다.

ELECTRIC
CAR

3장

전기자동차 충전 실전에 도전하기

충전에 필요한 카드 준비

카드 구분 및 사용 핵심 정리

전기자동차를 뽑으면 카드를 만들어야 한다는 말을 듣게 되는데, 여기서 말하는 카드의 종류는 크게 두 가지로 나뉩니다.

1. 회원 카드

용도: 충전기에서 회원 인증을 하는 데 필요

발급처: 충전사업자(환경부, 해피차저, 차지비 등)

2. 결제 카드

용도: 실제로 돈을 낼 때 필요

발급처: 금융회사(신한카드, BC카드 등)

회원 정보에 결제 카드를 등록시켜 놓으면 회원 카드를 인증하는 것만으로 결제 처리까지 한 번에 됩니다. 즉, 카드는 두 종류를 다 발급받되, 제대로 정보 등록을 했다면 충전기에는 회원 카드만 인식시키면 됩니다. 기본적인 준비 및 사용 절차는 다음과 같습니다.

• 카드 준비 절차

충전사업자 회원 가입 → 회원 카드 발급 또는 기존 카드를 인증용으로 등록 → 결제 카드 등록

• 충전 기본 절차

충전방식 선택 → 회원/비회원 인증* → 충전 플러그 꽂음 → 충전 완료 후 내역 확인 → 플러그 원위치

* 회원은 회원 카드를 터치하거나 회원 카드 번호 입력

* 비회원은 결제 카드를 터치(후불 교통카드 기능 지원 필요)

필수 발급 회원 카드는 **환경부 카드**입니다. 가장 두루두루 무난한 요금으로 쓸 수 있기 때문입니다. 결제 카드는 아무 신용/체크카드나 사용할 수 있으나, 전기자동차 충전요금 할인에 특화된 것도 많이 사용합니다.

충전사업자 가입 정보

한국자동차환경협회(환경부) : https://www.ev.or.kr/	
가입	오른쪽 위 "회원가입"
회원 카드	"마이페이지 〉 회원카드 관리"에서 회원 카드 발급 관리
결제 카드	"마이페이지 〉 결제카드 관리"에서 결제에 사용할 카드 등록

한국전기차충전서비스(해피차저) : https://www.happecharger.co.kr/	
가입	오른쪽 위 "회원가입"
회원 카드	"회원서비스 〉 멤버십정보"에서 가입 시 발급된 회원 카드 확인
결제 카드	"회원서비스 〉 결제카드정보"에서 결제에 사용할 카드 등록

참고 사항: 한전(한국전력공사)과 무관한 민간회사이므로 "한전"으로 줄여 부르면 안 됩니다. 회사 약칭은 "한충전"임

한국전력공사(켑코플러그) : https://evc.kepco.co.kr/	
가입	오른쪽 위 "로그인" → 하단의 "회원가입"
회원 카드	"마이페이지 〉 내정보/간편결제관리 〉 충전카드"에서 인증용으로 사용할 T머니 호환 카드 등록 (자체 카드를 발급하지 않음)
결제 카드	"회원서비스 〉 결제카드정보"에서 결제에 사용할 카드 등록

참고 사항: 아파트에 설치된 한국전력 충전기는 로밍이 안 되므로
충전 카드 및 결제 카드 등록을 모두 마쳐야 사용 가능

차지비(구 포스코ICT, 현 (주)차지비) : https://www.chargev.co.kr/	
가입	오른쪽 위 "회원가입"
회원 카드	"MY 차지비 〉 마이페이지 〉 멤버십 카드"에서 가입 시 발급된 회원 카드 확인
결제 카드	"MY 차지비 〉 마이페이지 〉 결제용 신용카드"에서 결제에 사용할 카드 등록

환경부 카드(왼쪽)와 해피차저 카드(오른쪽)

대영채비 : https://www.chaevi.co.kr/	
가입	오른쪽 위 "회원가입"
회원 카드	"내정보 〉 회원인증"에서 자사 회원 카드 발급 또는 인증용으로 사용할 타사 회원 카드 등록
결제 카드	"내정보 〉 간편결제"에서 결제에 사용할 카드 등록

에버온 : https://www.everon.co.kr/	
가입	오른쪽 위 "회원가입"
회원 카드	"회원서비스 〉 멤버십정보"에서 가입 시 발급된 회원 카드 확인
결제 카드	"회원서비스 〉 결제카드정보"에서 결제에 사용할 카드 등록

지차저(구 (주)지엔텔, 현 (주)GS커넥트): https://www.gcharger.net/

가입	오른쪽 위 "회원가입" 또는 지차저 애플리케이션에서 가입
회원 카드	애플리케이션 "MENU 〉 (본인이름) 〉 하단 회원카드 조회/발급"에서 자사 회원 카드 발급
결제 카드	애플리케이션 "MENU 〉 결제카드등록"에서 결제에 사용할 카드 등록

참고 사항: 애플리케이션을 사용하면 별도 회원 카드가 필요 없음

SK일렉링크(구 SS차저): https://skelectlink.co.kr/

가입	오른쪽 위 "회원가입"
회원 카드	"마이페이지 〉 멤버십 카드 관리"에서 가입 시 발급된 회원 카드 확인
결제 카드	"마이페이지 〉 개인회원 정보변경 〉 신용카드"에서 결제에 사용할 카드 등록

제주전기자동차서비스(조이이브이): http://www.joyev.co.kr/

가입	오른쪽 위 "JoyEV 회원가입"
회원 카드	"EV멤버십 〉 마이페이지"에서 회원 카드 및 결제 카드 관리
결제 카드	"마이페이지 〉 개인회원 정보변경 〉 신용카드"에서 결제에 사용할 카드 등록

클린일렉스(K차저): https://kcharger.net/

가입	오른쪽 위 "Join" 또는 K차저 애플리케이션에서 가입
회원 카드	애플리케이션 오른쪽 위 아이콘 "마이페이지 〉 회원로밍카드등록"에서 인증용으로 쓸 타사 회원 카드 등록
결제 카드	애플리케이션 오른쪽 위 아이콘 "마이페이지 〉 결제용 신용카드"에서 결제에 사용할 카드 등록

파워큐브(EV-Line) : https://www.ev-line.co.kr/	
가입	오른쪽 위 "회원가입" 또는 큐브차저 애플리케이션에서 가입
회원 카드	애플리케이션 내 "마이페이지 〉 회원/로밍카드 신청"에서 자사 회원 카드 발급
결제 카드	애플리케이션 내 "마이페이지 〉 신용카드 관리" 또는 웹사이트 내 "나의 정보 〉 결제정보 관리"에서 결제에 사용할 카드 등록

참고 사항: 애플리케이션을 사용하면 별도 회원 카드가 필요 없음

이카플러그(이비랑 evRang) : https://www.evrang.com/	
가입	오른쪽 위 "회원가입"
회원 카드	"마이페이지 〉 회원정보 변경 〉 멤버십카드"에서 가입 시 발급된 회원 카드 확인
결제 카드	"마이페이지 〉 회원정보 변경 〉 신용카드 등록"에서 결제에 사용할 카드 등록

스타코프 : https://www.starkoff.co.kr/

타디스테크놀로지(evPlug) : https://www.evplug.co.kr/

매니지온	
이동형 https://www.m-evolt.com/	고정형 https://ev-charging.co.kr/

지오라인 : http://geo-line.com/

충전기 – 설치할까, 있는 것을 쓸까?

충전기 설치하는 방법

단독주택에 살거나 개인 소유의 주차 공간이 있다면 전기자동차를 편하게 충전하기 위해서 비공용 충전기를 설치해볼 수 있습니다. 아파트나 사업장 등 여럿이 사용하는 주차 공간이 있는 곳에는 공용·부분공용 충전기를 설치할 수 있습니다. 두 방식의 차이를 비교하면 다음과 같습니다.

<table>
<tr><th>특징</th><th>공용</th><th>부분공용</th><th>비공용</th></tr>
<tr><td>주요 설치장소</td><td>공개시설</td><td>아파트</td><td>주택</td></tr>
<tr><td>설치 보조금</td><td>○</td><td>○</td><td>× (2020년 폐지)</td></tr>
<tr><td>설치주체</td><td colspan="3">충전사업자 또는 충전시설 설치전문 사업자</td></tr>
<tr><td>운영주체</td><td rowspan="2">충전사업자</td><td rowspan="2">관리
사무소</td><td>개인</td></tr>
<tr><td>요금청구</td><td>한국전력</td></tr>
</table>

비공용 충전기는 보조금을 받지 못하고 자비로 설치해야 하므로 얼마가 필요한지 궁금해하시는 분이 많은데, 구성요소는 다음과 같이 3가지입니다.

- **충전기 본체와 부대설비 값**
- **설치비용**
- **한국전력 표준시설부담금(일명 "한전불입금")**

충전기의 가격은 업체마다 다르지만 대부분 50~100만 원 사이이고, 설치비용 또한 그만큼 듭니다. 둘을 합쳐서 150만 원 안팎으로 부르는 경우가 많습니다. 이 비용은 충전사업자에게 냅니다. 표준시설부담금은 한국전력에 내는 비용으로, 40~50만 원 듭니다. 그래서 총 비용은 200만 원 정도입니다.

기본적인 설치 진행 절차는 어느 방식이든 비슷하지만, **아파트는 입주민의 동의가 먼저 필요**하다는 점에서 다릅니다. 입주자대표회의(입대의)가 있는 아파트는 내부 규정으로 정한 동의 비율에 맞춰 합의 절차를 거치면 되며, 입대의가 없으면 입주민 전원의 동의가 필요합니다. 임대아파트는 원칙적으로 소유자 전원과 임차인 대표회의의 동의가 필요하나, 임차인 대표회의가 없을 때는 소유자 동의만 있어도 됩니다.

이후는 다음과 같은 절차를 걸쳐 설치하게 됩니다.

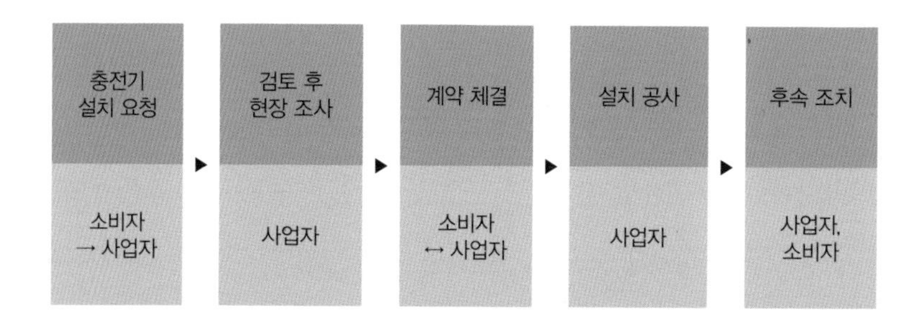

가) 충전사업자 / 설치업자에게 충전기 설치 요청

이 단계에서는 사업자가 설치 절차를 시작하기 위한 기본적인 사항을 확인하는 내용을 신청서로 접수합니다. 신청서는 홈페이지 접수 서식이나 이메일 등으로 보내게 됩니다.

나) 설치 요청 검토 및 사전 조사 후 현장 조사(실사)

충전기를 설치할 만한 충분한 위치와 인접 주차 공간이 확보되는지, 전기가 충분히 공급되어 끌어다 쓸 수 있는지를 포함하여 설치 여건은 적합한지, 예상 비용은 어느 정도 드는지 검토하게 됩니다. 건물 도면이나 건축물대장을 확인할 수 있습니다.

다) 설치 사항 협의 후 설치 계약체결

조사 결과를 바탕으로 신청자와 사업자 간에 협의가 되면, 충전기 공사를 시작하기 위해 설치 계약을 맺습니다. 그리고 이때 추가로 필요한 서류가 있으면 제출합니다. 예를 들어 아파트와 같은 공동주택 설치 건은 "공동주택관리법 시행령" 제35조 1항에 따라 관공서에 충전기 설치 행위 신고를 하고 승인을 받습니다.

라) 충전기 설치 공사

사업자는 직접 또는 제휴된 설치 업체를 통해 충전기를 설치합니다. 보조금을 받아 설치한다면 보조금 지급의 준비 단계로 한국환경공단에 공사 개시를 신고합니다. 충전기 옆에는 차량 충돌 방지를 위한 보조시설(예: 볼라드)도 설치될 수 있으며, 한국전력의 배전 계통에서 전기를 끌어오고(수전) 계량기를 설치하는 것도 진행됩니다.

마) 설치 완료 후속 조치

사업자는 기기 정상 작동을 점검하여 이상 없이 설치가 마무리된 것을 확인합니다. 보조금을 받는 공사였다면 설치 완료 확인서와 함께 증빙 서류를 한국환경공단에 제출하는데, 공단은 30일 이내에 현장 확인을 한 뒤 보조금을 지급합니다. 모든 절차가 완료되고 한국전력에서도 정상적으로 전기가 공급되면 충전기를 사용하기 시작하면 됩니다.

설치가 끝나고 충전기 사용이 시작되면, 설치를 담당한 사업자는 기본적으로 2년간 유지 관리를 책임집니다. 그 이후는 계약을 연장하거나 다른 사업자와 계약을 맺을 수 있습니다. 공용·부분공용 충전기를 공급하는 일부 사업자는 2년을 넘긴 시점에 재계약을 하면서 충전요금이 바뀔 수 있습니다.

만약 충전기가 보조금을 받고 설치된 것이라면 5년간 철거하지 않고 유지할 의무가 있습니다. 충전 시설이 안정적으로 확충되고 유지될 수 있도록 한 조치로 보입니다. 이를 어기게 되면 충전기 설치 보조금을 일정 비율에 따라 환수합니다.

인기 질문 9 표준시설부담금은 어떻게 계산되나요?

표준시설부담금은 충전기까지 전기를 끌어오기 위한 각종 전선과 설비를 시공하고 계량기까지 설치하는 데 필요합니다. 계산은 다음과 같이 합니다.

계약 종류	계약전력	금액(원, 부가세 포함)			
		공중공급		지중공급	
		22.8.1.~ 22.11.30.	22.12.1.~	22.8.1.~ 22.11.30.	22.12.1.~
저압	5kW까지	288,200	304,700	552,200	584,100
	초과분의 1kW마다	114,400	121,000	133,100	140,800
고압	1kW마다	23,100	24,200	48,400	50,600

출처: 한국전력

표가 복잡해 보일 수 있지만, 비공용으로 설치되는 완속 충전기는 대부분 공중공급, 저압 계약, 7kW 용량으로 설치하기 때문에

288,200원 + (114,400원) × 2 = 517,000원 (2022년 8월~2022년 11월)
304,700원 + (121,000원) × 2 = 546,700원 (2022년 12월~)

들어가게 됩니다. 흔히 한전 불입금이 50만 원대 들어간다고 하는 이유가 여기에 있는데, 2020년까지는 좀 더 저렴해서 40만 원대였습니다.

용어를 풀어보면, 계약 종류는 22,900V라는 고압의 배전 계통 전기가 소비자가 있는 곳에 와서 변압하느냐(고압), 아니면 미리 220V(단상)/380V(3상)이라는 저압의 전기로 변압해서 소비자까지 오느냐(저압)의 차이입니다. 비공용 충전기를 설치할 때는 십중팔구 저압이라고 생각하시면 됩니다. 충전기의 급속과 완속 개념과는 무관합니다.

공중공급은 단어 그대로 "공중", 즉 땅 위에서 전봇대를 통해 공급되는 것입니다. 지중공급은 땅속에 배관하여 공급하는 것인데, 겉으로 보이는 게 없어서 깔끔하고 더 안전하나 땅을 파야 하니 공사비용이 많이 듭니다.

계약전력은 한 번에 전기를 끌어다 쓸 때 최대 몇 kW까지 쓸 것인지 보고 정합니다. 전기자동차 충전기는 배터리가 다 채워질 때까지 최대 출력으로 작동하므로 7kW 용량으로 설치하면 계약도 거기에 맞춥니다.

참고로, 배선 공사비용은 200m까지(지중공급은 50m) 부담금에 기본으로 포함하고 있습니다. 이보다 멀리 선을 연결해야 하면 별도의 "거리시설부담금"을 내야 합니다. 만약 불입금이 50만 원 이상 넘어간다면 전기 공급이 까다로운 곳에 있다고 생각하시면 됩니다.

⚡ 아파트 충전기 사용하는 방법

아파트는 여러 세대가 같이 사는 특성상, 단독주택이나 개인 상가 같은 곳과 달리 주차 공간을 독점적으로 쓸 수 있는 경우가 별로 없습니다. 그래서 전기자동차 충전 시설도 여럿이 공유할 수 있도록 설치되는 것이 일반적입니다. 이런 형태를 "부분 공용"으로 부르기도 하는데, 입주민에게는 "공용", 외부인에게는 "비공용"이기 때문입니다.

하지만 어떻게 이용해야 하는지 헷갈린다고 호소하는 분들이 종종 있습니다. 아파트에 충전기를 설치하는 사업자도 여럿이고, 관리 주체도 다양해서 발생하는 문제입니다. 물론 이에 따라서 요금체계도 서로 다르게 적용됩니다. 절대 모든 아파트가 같지 않습니다. 가장 중요한 건 "어디서 설치해서 관리하느냐"를 파악하는 것입니다.

가) 관리사무소가 운영하는 충전기

아파트 시공사 등이 건물을 새로 짓는 과정에서 설치한 것을 관리사무소가 이어받아 운영하는 충전기입니다. 외부에서 흔히 보던 충전사업자 로고를 본체나 주변 어디에도 전혀 찾아볼 수 없고, 충전기 제조사 로고만 찍혀 있거나(Omni Evas, 중앙제어, SigNet 등) 아무런 로고가 없다면 아파트에서 직접 관리하는 것일 가능성이 큽니다.

이런 충전기는 관리사무소나 아파트 입주민대표회의(입대의)에서 정한 단가로 충전요금이 매겨집니다. 요금체계 차이 때문에 본인 집 안에서 사용하는 전기 사용량과 합치지 않고 관리비에 별도 항목으

옴니에바스에서 제조한 급속 충전기

로 청구된다고 보시면 됩니다.

실질적인 충전단가는, 언제 어떻게 정해졌느냐에 따라서 외부 충전기보다 비싸거나 쌀 수 있습니다. 전력량 요금은 일반적인 수준을 참고하는 경우가 많은데, 기본료는 일반 관리비에 포함되어 전 세대가 분담하는 때도 있고 전기자동차를 사용하는 세대만 1/N으로 분담하기도 합니다. 후자의 경우 이용 세대수가 적으면 부담이 제법 클 수 있습니다.

사용 방법은 입주민 카드 또는 관리사무소에 등록 절차를 거친 카드로 사용 세대 인증을 한 뒤 플러그를 꽂아 충전하는 것이 일반적입니다. 구체적인 절차는 관리사무소에 문의해보는 것을 권장합니다. 외부에서 사용할 수 있던 충전 회원 카드는 인식이 안 될 가능성이 크며, 설령 등록해서 사용이 가능해지더라도 카드에 저장된 금액을 차감하여 충전할 수는 없습니다. 결제 및 관리시스템이 별개이기 때문입니다.

나) 충전사업자가 운영하는 충전기

공용 충전기 사업을 하는 곳이 아파트에 충전기를 설치한 뒤 자체적으로 운영하는 경우가 있습니다. 한국전력(KEPCO Plug), 차지비, 지차저, 에버온 등의 로고가 찍혀 있거나 해당 회사의 안내문이 부착된 것으로 확인할 수 있습니다.

이런 충전기는 해당 사업자가 요금 부과 및 유지보수를 모두 담당하기 때문에 관리사무소 및 관리비와는 무관합니다. 설치 유형에 차별을 두지 않는 사업자는 공용 충전기와 같은 단가를 적용하고, 그렇지 않은 곳은 아파트 전용 단가로 운영하기도 합니다. 자세한 내용은 뒤에 정리되어 있는 충전요금 정보를 참고하세요.

에버온에서 운영하는 완속 충전기

부분 공용이라는 특성 때문에, 공용 충전기와 달리 다른 사업자의 회원 카드를 쓸 수 있는 로밍 기능이 작동하지 않을 수 있다는 점도 유의해야 합니다. 사용하기 위해서 해당 사업자의 회원 카드를 미리 발급받거나 별도의 등록 절차를 거쳐야 할 수 있습니다.

다) 주차장에 있는 콘센트

아파트 주차장 군데군데에 있는 일반 콘센트에 휴대용 충전기를 허락 없이 꽂으면 절도죄(도전)가 성립되기 때문에 절대 해서는 안 됩니다. 이 콘센트의 전력 사용량은 공용 전기 용도로 집계되어 전 세대에 분담되기 때문에 다른 세대에 충전요금을 전가하는 결과를 초래하며, 함부로 하는 사람들 때문에 전기자동차나 플러그인 하이브리드

파워큐브 이동형 충전기 전용 콘센트

를 타는 사람들의 인상을 실추시키는 문제도 일으킵니다.

한편, "파워큐브", "이볼트"와 같은 전기자동차 충전용 콘센트 운영 업체가 해당 콘센트를 전환 공사하기도 합니다. 콘센트에 회사 로고가 보이는 안내문과 태그가 달린 것으로 구분할 수 있습니다. 이 콘센트는 해당 업체의 전용 충전기를 구매하여 사용하게 됩니다. 별도의 요금체계를 기반으로 해당 업체에서 요금을 청구하는데, 사용 직전에 충전기를 태그에 갖다 대고 인증하여 사용자와 사용량을 구분하는 원리를 이용합니다.

만약 인증되지 않는 일반 충전기(차량 제조사가 제공했거나 온라인 등에서 별도 구매한 것)를 꽂으면, 충전은 가능할지 몰라도 제대로 정산이 안 되기 때문에 앞서 보았던 사례와 마찬가지로 불법입니다. 비양심적인 차주들이 은근히 자주 일으키는 일이라서 실제로 충전사업자가 이런 사례를 보면 경찰과 업체에 신고해달라고 공지할 정도입니다. 사용에 유의하시기 바랍니다.

최근에는 이런 문제가 발생하지 않도록, 사용자 인증이 되지 않으면 전력 공급이 안 되는 전용 콘센트를 설치하는 사업자도 있습니다. 예를 들어, "스타코프"는 계량 기능이 내장된 전용 콘센트를 설치하기 때문에 사용자 인증만 되면 아무 충전기나 꽂아서 쓸 수 있도록 하고 있습니다.

라) 본인 집에 있는 콘센트

주차장이 집에서 매우 가까워서, 고용량(220V 20A 또는 4,000W 이

인기 질문 10 규제 샌드박스로 허가된 충전 콘센트가 무엇인가요?

규제 샌드박스로 풀린 "콘센트형 충전기"는 스타코프 같은 과금형 콘센트를 말합니다. 전용 이동형 충전기를 사용하는 파워큐브나 이볼트 같은 기존 사업자와의 차이는, 쉽게 말해서 충전량 계량 및 과금이 어느 지점에서 발생하느냐에 있습니다.

과금형 충전기(예: 파워큐브): 이동형 충전기 내부
과금형 콘센트(예: 스타코프): 벽에 설치한 콘센트 내부

과금형 충전기는 지정된 콘센트에서 전용 충전기를 사용해야 정상적으로 요금이 부과됩니다. 다른 이동형 충전기를 쓰면 사용 명세에 대한 계량이나 기록이

스타코프 과금형 충전 콘센트

남지 않아 도전(절도죄) 행위가 됩니다. 다만 여러 콘센트를 그대로 활용하면서 한꺼번에 전기자동차 충전용으로 바꿀 수 있습니다.

과금형 콘센트는 아무 이동형 충전기나 사용해도 정상적으로 요금을 부과할 수 있습니다. 사용하기 위해서는 콘센트에 직접 사용자 인증을 해야 하고, 일단 인증이 되면 그 콘센트에서 사용한 양만큼 인증된 사용자에게 청구되기 때문입니다. 각 콘센트를 전용 콘센트로 바꿔야 하므로 콘센트 수를 늘리게 되면 비용이 늘어납니다.

인기 질문 11 예약 충전을 할 수 있나요?

예약충전 개념은 크게 두 가지로 나뉩니다.

- **충전기를 꽂아놓은 상태로 대기했다가 예약한 시간부터 충전 시작**

완속 충전기 중 비공용 충전기에서 많이 쓰이는 방법입니다. 비공용 충전기는 혼자서 독점적으로 쓰는 것이기 때문에 예약 충전을 통해 요금이 저렴한 시간대에 맞춰 충전할 수 있습니다. 충전기나 차량에서 시간 설정을 하면 사용 가능합니다.

아파트에 있는 부분공용 충전기는 여러 사람이 돌아가면서 쓰는 것이기 때문에 이런 식으로 예약을 하는 사람이 있으면 충전을 안 하고 대기하는 시간이 길 수 있어 대부분 허용하지 않고 있습니다. 설령 사용할 수 있더라도, 다른 사용자의 양해를 구한 것이 아니라면 자제하는 것이 좋습니다. 공용 충전기, 특히 급속 충전기는 아예 기능이 없습니다.

- **사용 신청을 예약하고, 해당 시간에 와서 꽂으면 충전 시작**

공용 충전기에서 볼 수 있습니다. 애플리케이션에서 신청하거나, 충전기 화면에서 입력해서 설정할 수 있습니다. 사용 순서가 정리되어 충전기 사용 대기 시간을 줄이는 것이 목적입니다. 환경부, 차지비 등의 충전기 중 일부에서 지원하고 있으나, 모두 가능한 것은 아닙니다.

상) 연장선(릴 케이블)을 집 안 단독 콘센트(에어컨 전용 등)에 연결하고 밖으로 선을 늘어뜨린 뒤 여기에 휴대용 충전기를 꽂고 차량을 충전하는 걸 시도하는 수가 있습니다. 권장되는 방법은 아니지만, 안전에 주의하면 기술적으로는 가능합니다. 이 경우 그냥 가전제품을 하나 쓰는 것과 같게 되므로 집안 전기 사용량에 합산되며 누진제 적용이 됩니다.

충전요금의 모든 것

전기자동차 충전요금의 변천사

우리나라의 전기자동차 충전요금 정책 변화 과정을 살펴보도록 하겠습니다. 한국전력은 2010년 8월 전기자동차 전용 충전요금을 신설하였는데, 기본적인 요금 구조는 2022년 9월까지 변함없이 유지되었습니다.

다만, 2021년 1월부터 기후환경요금 및 연료비조정요금 제도가 시행되면서 기본 전력량 요금에서는 일괄적으로 5원/kWh를 차감하고 부가 요금을 탄력적으로 적용하여 합산하는 방식으로 전환되었습니다. 그리고 2022년 6월까지는 뒤에서 설명할 특례요금제 적용으로 할인이 일부 되기도 했습니다.

계약 구분		저압			고압		
부하		경부하	중간부하	최대부하	경부하	중간부하	최대부하
전력량 요금 (원/kWh)	여름	57.6	145.3	232.5	52.5	110.7	163.7
	봄·가을	58.7	70.5	75.4	53.5	64.3	68.2
	겨울	80.7	128.2	190.8	69.9	101.0	138.8
기본요금(원/kW)		2,390			2,580		

부가세(10%)와 전력기금(3.7%) 제외

현재 적용되고 있는 요금과 달라 보일 수 있는 원인은 뒤에서 설명할 특례요금제 적용으로 할인이 일부 되고 있다는 점, 그리고 2021년 1월부터 기후환경요금 및 연료비조정요금 제도가 시행되면서 기본 전력량 요금에서 일괄적으로 5원/kWh가 차감된 점 때문입니다.

완속 충전기는 요금제 개설 이후부터 사용요금이 청구되었으나, 환경부 주도로 설치되기 시작한 공용 급속 충전기는 정책적인 차원에서 사용요금을 면제했습니다. 그러다 환경부는 민간 충전사업자의 급속 충전기 설치 및 운영을 장려하기 위해 2016년 3월에 급속 충전 요금을 313.1원/kWh로 결정하고 당해 4월 11일부터 징수하기 시작했습니다. 이 요금은 공청회에서 사용자와 사업자 간 의견을 절충한 결과입니다.

뒤이어 산업통상자원부(산업부)는 전기자동차 보급 촉진을 위해 2016년 12월에 "전기차 특례요금제"를 2017년 1월부터 3년간(즉, 2019년 12월까지) 한시적으로 시행하는 방안을 검토한다고 공표했습니다. 특례요금제의 골자는 한국전력이 충전사업자에게 징수하는 전력량 요금을 50% 인하하고 완속 및 급속충전기의 기본요금을 면제하는 것이었습니다.

이로써 충전사업자의 원가 부담이 완화되었고, 최종 소비자 요금이 인하되는 효과가 나타났습니다. 실제로 환경부는 특례요금제 시행에 맞춰 2017년 1월에 자체 관리 급속 충전기의 소비자 부과 요금을 313.1원/kWh에서 173.8원/kWh로 44.5% 인하하게 되었습니다. 그러나 한 연구에서는 민간 충전사업자의 기본 경비(전기요금, 경비, 일반 관리비의 합)가 223.3원/kWh로 파악되어 손해를 보는 장사를 한다는 주장이 나오기도 했습니다.

시간이 흘러 특례요금제가 일몰되기 직전인 2019년 12월 30일, 한국전력은 특례요금제를 2020년 6월까지 유지하고 이후 2년간 점진적으로 축소하기로 이사회에서 결정하게 되었습니다. 그래서 2017년 이전의 요금체계는 2020년 1월이 아닌 2022년 7월 이후에 완전히 복귀하는 것으로 변경되었습니다.

요금 단위: 원/kWh

<table>
<tr><th colspan="3">기간</th><th>2016.4.~
2016.12.</th><th>2017.1.~
2020.6.</th><th>2020.7.~
2021.6.</th><th>2021.7.~
2022.8.</th><th>2022.9.~</th></tr>
<tr><td rowspan="4">할인율</td><td colspan="2">기본요금</td><td rowspan="4">0%</td><td>100%</td><td>50%</td><td>25%</td><td rowspan="3">0%</td></tr>
<tr><td colspan="2">전력량 요금</td><td>50%</td><td>30%</td><td>10%</td></tr>
<tr><td colspan="2">급속(비례)</td><td rowspan="2">44.5%</td><td>26.7%</td><td>8.9%</td></tr>
<tr><td colspan="2">급속(실제)</td><td>18.3%</td><td>6.5%</td><td>−3.6%</td></tr>
<tr><td rowspan="3">급속
요금</td><td colspan="2">비례</td><td rowspan="3">313.1</td><td rowspan="3">173.8</td><td>229.5</td><td>285.2</td><td>313.1</td></tr>
<tr><td rowspan="2">실제</td><td>50kW</td><td rowspan="2">255.7</td><td>292.9</td><td>324.4</td></tr>
<tr><td>100~</td><td>309.1</td><td>347.2</td></tr>
<tr><td colspan="3">비고</td><td>급속유료화</td><td>특례 적용</td><td>1단계 인상</td><td>2단계 인상</td><td>특례 종료</td></tr>
</table>

한편, 환경부는 1단계 인상이 시행되기 전날인 2020년 6월 30일에 급속 충전기의 요금을 7월 6일부터 255.7원/kWh로 인상한다고 공지했습니다. 2단계 인상은 시한을 약간 넘긴 2021년 7월 3일에 공지되었으며, 7월 12일부터 50kW급은 292.9원/kWh, 그 외는 309.1원/kWh로 이원화되었습니다. 완전 일몰은 2022년 7월 29일 공지되었는데, 원상 복귀에 요금 인상이 더해져 9월 1일부터 50kW급은 324.4원/kWh, 그 외는 347.2원/kWh가 되었습니다.

한국전력 및 환경부의 요금 변경에 따라 민간 충전사업자의 요금 또한 각 변동 시기에 맞춰 인상되고 있습니다. 전기자동차 충전사업자도 일단 한국전력에서 전기를 공급받은 뒤 되파는 구조라서, 특례요금제가 끝나감에 따른 원가가 똑같이 오른다고 보시면 되겠습니다. 그것을 바탕으로 최종적으로 얼마나 올릴지는 업체 자율이지만, 결국 안 올리는 곳은 없었습니다.

회원 요금과 로밍 요금

전기자동차 충전사업자가 여러 군데인 데다 서로 다르고 복잡한 요금제를 운용하면서 혼란스러워하는 분이 많습니다. "회원 카드가 왜 이렇게 많아?" "한 카드로 통합한다고 하지 않았나?" 같은 말을 많이 듣습니다. 그래서 상황 설명을 위해 몇 가지 표로 정리해 봅니다. 이 자료는 특례요금제가 완전히 종료될 때까지 때때로 변할 수 있다는 점에 유의하시기 바랍니다.

지방자치단체 운영 충전기 요금				단위: 원/kWh
운영기관	**회원요금**		**로밍 카드**	**비고**
제주도청 (제주에너지공사)	320		환경부, 해피차저, 차지비, 제주전기차	로밍 요금은 회원과 동일
대구환경공단	50kW	324.4	해당 없음	기존 회원 카드를 홈페이지 등록 후 사용
	100kW+	347.2		

2023년 2월 기준 회원·로밍 요금체계 단위: 원/kWh, 부가세 포함

기기 / 카드	환경부[1]	차지비	해피차저	제주전기차	대영채비	에버온	지차저	파워큐브	SK일렉링크	K차저	한국전력[1, 4]
환경부[1]	**347.2**	**347.2**	**347.2**	347.2	347.2	347.2	347.2	347.2	**347.2**	347.2	347.2
차지비	**347.2**	**345**[2]	400	450	400	420	380	400	420	400	350
해피차저	**347.2**	400	**347.2**[1]	400	400	400	400	400	400	400	350
제주전기차	**347.2**	420	400	**310**[1]	400	420	420	420	400	400	**310**[1]
대영채비	**347.2**	400	400	400	**340**[1]	420	380	420	440	400	347.2
에버온	**347.2**	420	420	420	420	**229.2**[3]	420	420	420	420	347.2
지차저	**347.2**	380	400	420	380	400	**217**[3]	380	380	375	–
파워큐브	**347.2**	400	400	420	420	420	380	**218**[3]	380	–	–
SK일렉링크	**347.2**	420	400	420	400	420	420	440	**347.2**[1]	440	347.2
K차저	**347.2**	360	350	363.6	360	400	375	–	350	**211.3**[3]	–

출처: 충전사업자 홈페이지 내 안내·공지

요금 수준 : **제일 저렴** / 일반

(1) 충전 속도별 요금(원/kWh) – 급속 기준

유형		환경부	해피차저	제주전기차	대영채비	SK일렉링크	한국전력
완속(7kW)	아파트	해당 없음	286.7	280	195*	200	292.60(평균)
	일반					260	324.4
급속	50kW	324.4	324.4	310	320	324.4	
	100kW+	347.2	347.2		340	347.2	347.2

완속 로밍 요금은 급속 50kW급과 같음, 급속 로밍 요금은 유형에 따라 차등 부과
대영채비 완속은 2023년 1월부터 특별 할인 중(원래 250원/kWh)

(2) 차지비 설치유형별 요금

속도	유형	요금(원/kWh)
완속	아파트 및 일반	259
	완성차 브랜드	269
급속	100kW 이하	315
	200kW 이상, 완성차 브랜드	345

(3) 충전 속도별 요금(원/kWh) – 완속 기준(세부 내용은 게시별 요금체계 참조)

유형		지차저	에버온	파워큐브	K차저	이비랑	스타코프
완속	평균	217	229.2	218	211.3	222.42	194 (3.5kW)
	최소		198.9		187.5	179	
	최대		289.9		244.0	332	220 (7~11kW)
급속	50kW	324.4	324.4	500	324.4	320	255.7
	100kW+	347.2	347.2		347.2	340	

한국전력 주택용 저압 요금

기준		1구간	2구간	3구간	슈퍼유저
월 사용량 (kWh)	춘추	0~200	201~400	401~	해당 없음
	동계			401~1000	1001~
	하계	0~300	301~450	451~1000	1001~
기본요금(원)		1,030	1,820	8,300	
전력량 요금(원/kWh)		127.34	234.90	340.30	827.96

부가세(10%) 및 전력기금(3.7%) 포함
기후환경요금과 연료비조정요금 제외(2023년 1분기는 15.92원/kWh 추가됨)
하계 7~8월 (전기자동차 전용 요금과 범위 다름), 동계 12~2월

현재 수많은 전기자동차 충전사업자 간에 회원 카드 "로밍"이 실시되고 있습니다. 로밍이란 다른 사업자의 카드로 충전기를 쓰는 행위를 뜻합니다. 예를 들면 에버온 충전기에 해피차저 카드를 사용하는 것과 같은 것입니다. 주요 사업자 간 로밍은 다음과 같이 2단계에 걸쳐 진행되었으며, 그 이후로 로밍 협약이 꾸준히 확대되었습니다.

- **2018년 8월 6일: 1차 로밍**

환경부 카드를 다른 사업자의 충전기에서 사용하거나, 타 사업자 회원이 환경부 충전기를 사용하는 것이 가능

- **2018년 10월 8일: 2차 로밍**

사업자 간 상호 로밍 가능 및 로밍 요금 확정

여기서 가질 수 있는 의문은 "그럼 카드를 하나만 만들면 되나요?"

인데, 절반은 맞고, 절반은 틀립니다. 주요 충전사업자 사이에서는, 한 사업자의 회원 카드를 가지고 있으면 "카드 하나만으로 모든 충전기 사용"이 가능한 것이나 다름없습니다. 그런데 요금표에서 보시다시피 적용 요금이 천차만별입니다. 그리고 진하게 표시된 가장 저렴한 요금은 대부분 자사의 회원 카드를 쓸 때만 적용받습니다. 로밍 요금은 비싸다는 것이 일반적입니다.

로밍 요금 중에서는 환경부 카드를 쓸 때가 제일 저렴합니다. 일반사업자 간 로밍은 350~440원/kWh를 넘나들지만, 환경부 카드는 324.4~347.2원/kWh를 받기 때문입니다. 그래서 회원 카드를 하나만 발급받겠다고 생각하셨다면, 환경부 카드를 선택하시는 것을 권장합니다.

추가로 카드를 발급받을 때는 본인의 충전 환경을 고려하시면 됩니다. 주변에 자주 접하게 될 충전사업자의 카드를 1개 이상 만들어 두었다가 쓰는 것을 권장합니다. 그리고 로밍은 원칙적으로 공용 충전기 간에 적용한다고 생각하시는 것이 좋습니다. 아파트에 설치된 부분공용 내지 비공용 충전기들은 카드 인증부터 안 될 수 있습니다.

카드 회사에서 제공하는 할인이 로밍할 때 어떻게 적용되는지 궁금할 수 있는데, 사용한 회원 카드가 할인 적용을 받고 있다면 로밍 결제요금도 할인받습니다. 그러므로 카드사 할인 협약을 맺지 않은 사업자에서 로밍 충전하면 로밍 후 할인받은 금액이 회원 금액보다 싼 경우가 드물게 있습니다.

계시별 요금

2023년 2월 기준 계시별 요금체계

단위: 원/kWh, 부가세(10%) 포함

계약구분		저압			고압		
부하		경부하	중간부하	최대부하	경부하	중간부하	최대부하
여름(6~8월)	한전(APT)	–	–	–	281.1	323.2	324.4(2)
	한전(비공용)(1)	86.75	186.47	285.61	80.95	147.13	207.39
	매니지온(이동)	–	–	–	63.8	108.9	194.7
	파워큐브(이동)	103.35	186.47	285.61	85.50	147.13	224.67
	에버온	–	–	–	198.9	252.9	289.9
	K차저	–	–	–	198.4	244.0	244.0
	이비랑(APT/기타)	–	–	–	179/191	257/268	321/332
	evPlug(APT/기타)	–	–	–	169.9/204.9	199.9/258.9	264.9/294.9
봄, 가을(3~5, 9~10월)	한전(APT)	–	–	–	260.9	272.0	276.5
	한전(비공용)(1)	88.00	101.42	106.99	82.09	94.37	98.81
	매니지온(이동)	–	–	–	67.1	75.9	79.2
	파워큐브(이동)	93.69	107.11	112.68	87.78	100.06	104.49
	에버온	–	–	–	199.9	224.9	229.9
	K차저	–	–	–	187.5	199.7	199.7
	이비랑(APT/기타)	–	–	–	179/191	192/204	192/204
	evPlug(APT/기타)	–	–	–	169.9/204.9	179.9/239.9	184.9/204.9
겨울(11~2월)	한전(APT)	–	–	–	297.3	323.2	324.4(2)
	한전(비공용)(1)	113.02	167.03	238.20	100.74	136.10	179.08
	매니지온(이동)	–	–	–	84.7	100.1	166.1
	파워큐브(이동)	120.07	167.03	238.20	104.83	136.10	194.88
	에버온	–	–	–	209.9	247.9	272.9

	K차저	–	–	–	209.3	230.9	230.9
	이비랑(APT/기타)	–	–	–	192/204	245/259	296/307
	evPlug(APT/기타)	–	–	–	184.9/214.9	195.9/253.9	249.9/289.9

출처: 충전사업자 홈페이지 내 안내·공지

㈜매니지온 서비스 명칭: 고정형 – 매니지온 (192원/kWh 고정), 이동형 – 이볼트

㈜파워큐브코리아 서비스 명칭: 고정형 – 큐브차저, 이동형 – 파워큐브

저/고압 구분 없는 곳: 한전(APT), 에버온, K차저, 이비랑, evPlug

고압 계약만 설치: 매니지온(이동형), 지오라인

(1) 같은 요금 적용: 지오라인(고압)

기후환경요금과 연료비조정요금 제외(2023년 1분기는 15.92원/kWh 추가됨)

(2) 100kW 이상 급속은 347.2원/kWh

기본료가 부과되는 사업자의 월 기본료 비교표

단위: 원

사업자	한전 고압 기본요금	통신 요금	서비스 이용요금	기본요금 합계	월 소비량 기준(kWh)
한전(비공용)	8,800	0	0	8,800	3kW 계약
	20,530			20,530	7kW 계약
지오라인	8,800	0	11,000	19,800	
파워큐브(이동)	8,800	5,500	5,500	19,800	
매니지온(이동)	8,800	5,500	4,950	19,250	

한전 기본요금 기준: 2,580원/kW(세금 등 제외)

부하별 적용 시간대

<table>
<tr><th rowspan="2">시</th><th colspan="4">육지</th><th>제주</th></tr>
<tr><th>봄 (3~5월)</th><th>여름 (6~8월)</th><th>가을 (9~10월)</th><th>겨울 (11~2월)</th><th>전 계절</th></tr>
<tr><td>00</td><td colspan="4" rowspan="8">경부하</td><td rowspan="8">경부하</td></tr>
<tr><td>01</td></tr>
<tr><td>02</td></tr>
<tr><td>03</td></tr>
<tr><td>04</td></tr>
<tr><td>05</td></tr>
<tr><td>06</td></tr>
<tr><td>07</td></tr>
<tr><td>08</td><td colspan="3" rowspan="3">중간부하</td><td>중간부하</td><td rowspan="8">중간부하</td></tr>
<tr><td>09</td><td rowspan="3">최대부하</td></tr>
<tr><td>10</td></tr>
<tr><td>11</td><td colspan="3">최대부하</td></tr>
<tr><td>12</td><td colspan="3">중간부하</td><td rowspan="4">중간부하</td></tr>
<tr><td>13</td><td colspan="3" rowspan="5">최대부하</td></tr>
<tr><td>14</td></tr>
<tr><td>15</td></tr>
<tr><td>16</td><td rowspan="3">최대부하</td><td rowspan="6">최대부하</td></tr>
<tr><td>17</td></tr>
<tr><td>18</td><td colspan="3" rowspan="4">중간부하</td></tr>
<tr><td>19</td><td rowspan="3">중간부하</td></tr>
<tr><td>20</td></tr>
<tr><td>21</td></tr>
<tr><td>22</td><td colspan="4" rowspan="2">경부하</td><td rowspan="2">경부하</td></tr>
<tr><td>23</td></tr>
</table>

육지: 2023년 1월부터, 제주: 2021년 9월부터

한국전력은 전기자동차 충전사업자에게 계시별 요금으로 전력을 판매하고 있으며, 사업자는 이를 소비자에게 되팔고 있습니다. 각 시간대에 요금이 차이 나는 이유는 전력거래소에서 거래되는 도매 전력 가격이 시간마다 다르기 때문입니다. 한국전력은 매일 거래되는 실제 가격을 토대로 정형화된 요금체계를 세웠습니다.

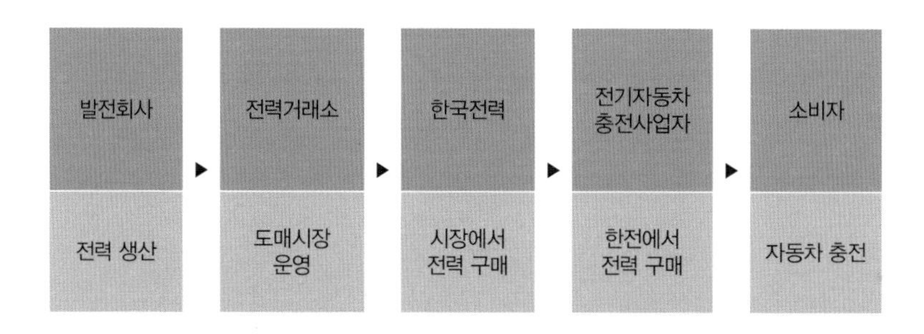

충전사업자가 소비자에게 부과하는 요금을 계시별로 차등한다는 것은, 되팔 때의 이윤을 일정한 수준으로 유지하면서도 고정된 요금을 책정하는 다른 사업자보다 가격경쟁력을 높이겠다는 의도가 있다고 볼 수 있습니다. 고정된 요금을 채택한 공용 충전기와 비교하면 차이를 체감할 수 있습니다.

단, 사업자마다 이윤에서 충당할 각종 비용이나 이익 구조가 다르므로 최종적인 요금은 서로 다릅니다. 그리고 카드 회사의 충전 할인을 받지 못하는 곳도 있는 점을 고려할 필요도 있습니다. 최대부하 시간대에서는 외부 급속 충전기에 50% 카드 할인을 받는 게 더 저렴한 경우도 일부 있습니다. 그래서 최종적으로 제일 저렴한 사업자는 표에서 본 것과 달리 개인마다 차이가 있을 수 있습니다.

인기 질문 12 기본료는 매번 내야 하나요?

기본료란 계량기가 측정하는 지점에 매월 1회 한전이 부과하는 요금입니다. 전기를 공급하기 위해 유지 보수해야 하는 계량기나 전선 등에 들어가는 비용을 회수하기 위해 존재하는 것이라서 사용량이 없어도 부과됩니다. 가정에 공급되는 전기는 그 집에 대해 기본료가 있고, 충전기는 충전기당 기본료가 있다고 보시면 됩니다.

매기는 방법은, 한 번에 보낼 수 있는 계약 출력의 크기(kW) 단위로 정합니다. 7kW 충전 설비를 갖춘다고 하면 고압 기준, 부가세 및 전력기금 제외 가격으로 2,580원/kW이므로 2,580×7 = 18,060원이 됩니다. 이게 특례요금 제도가 존재하던 2020년 6월까지는 100% 할인(=면제)되었으나, 2020년 7월부터 50% 할인으로 줄어들어서 실질적으로 부과되기 시작했습니다. 2021년 7월 한 번 더 할인율이 줄어든 뒤 2022년 7월에 할인이 전면 폐지되어 원래대로 금액을 받아 가게 됩니다.

핵심은 월 1회 부과된다는 것입니다. 사용할 때마다 내는 것이 아닙니다. 그러므로 월 사용 횟수를 고려해서 1/N 해서 사용자에게 나누는 것을 생각해 볼 수 있습니다. 그런데 이러면 여러모로 번거롭게 됩니다. 그래서 공용 충전기를 운영하는 충전사업자는 일단 기본료를 한전에 내고, 사용자에게 받는 요금에서 기본료가 회수될 수 있도록 요금을 조정해서 녹여놓는 것이 일반적입니다. 그래서 사용자 관점에서는 별도의 기본료 명목 부과 금액은 없으며 그냥 사용량 요금만 올라가는 걸 보게 됩니다.

비공용 충전기를 쓰면 한전에 직접 요금을 내게 되므로 청구서에 기본료가 추가되기 시작하게 됩니다. 이동형 충전기 사용자도 한전이 충전기당 기본료 부과 방침 때문에 그대로 기본료를 내게 됩니다. 전력량 요금만 놓고 봤을 때 비공용 충전기가 외부 공용 충전기보다는 매우 저렴한 편입니다. 하지만 충전량이 적으면 비공용 충전기는 기본료가 상대적으로 큰 비중이 되어서 덜 유리할 수 있습니다.

인기 질문 13 계시별 요금에 꼼수가 숨어 있지 않을까요?

충전요금 정보를 보면 계절과 시간에 따라 다른 요금을 매기는 계시별 요금제를 적용하는 경우를 보게 됩니다. 그런데 여기서 나타나는 시간대 중에서, 굳이 관련이 없어 보이는 경우인데도 최대 부하 시간이라 해서 비싸게 받는 꼼수가 보이곤 한다는 말을 들을 때가 있습니다. 예를 들어 겨울철의 22~23시 구간이 최대 부하 요금을 적용하는 것을 듭니다.

그런데 이것은 꼼수가 아닙니다. 계시별 부하 시간대는 하루 중 국가 전체의 실제 부하(전력 소비량)를 토대로 해서 만들어진 것이며, 주택용 등 일부 실시간 계량이 어려운 경우에 적용되는 경우를 제외한 대부분의 요금제(일반용, 산업용 등)에 공통으로 적용됩니다. 전기자동차 전용 요금제를 위해 특별히 만들어진 게 아닙니다. 오히려 그 반대인 셈입니다.

한편, 전국에 설치된 발전기는 각각 발전단가가 다르므로 결과적으로 도매시장에서 거래되는 판매 가격도 다릅니다. 전력거래소는 이들을 경제적으로 활용해야 하므로 값싼 발전기부터 먼저 쓰게 마련이고, 부하(수요)가 올라갈수록 더 비싼 발전기를 차례대로 투입하면서 전체적인 도매가격이 상승하게 됩니다. 그래서 수요가 많은 시간대의 전기는 비싸고, 그렇지 않았을 때는 저렴합니다. 이렇

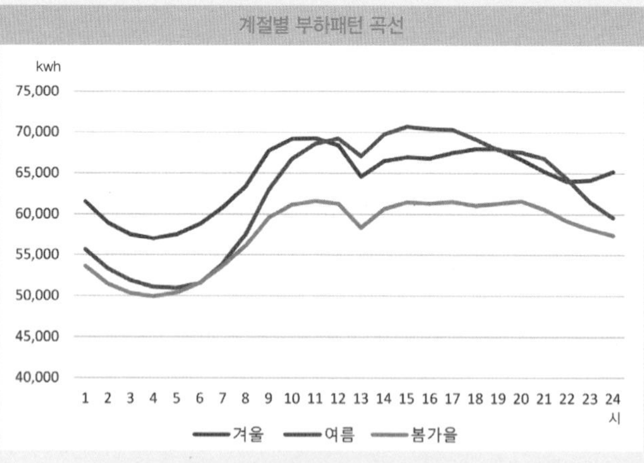

출처: 전력거래소 제공 자료, 계시별 요금제 개선방안 연구, 에너지경제연구원, 2019

게 거래된 전기를 한국전력이 사들여서 최종 소비자를 대상으로 소매시장에 되파는데, 일정 패턴에 따라 단가를 정형화한 것이 지금의 계시별 요금제입니다.

앞서 언급한 겨울철이 되면 저녁 시간대 난방부하가 크게 올라갑니다. 밤이 되면 기온이 많이 내려가기 때문에 퇴근 시간 무렵부터 난방기기를 많이 사용하기 마련인데, 저녁 시간 때는 소강상태였다가 잠잘 무렵 다시 켰을 것으로 추정됩니다.

실제로 계절별 부하패턴 곡선 중 겨울철 부분을 보시면 17시 이후 부하가 올라 20시 정도까지 유지되었다가 내려간 뒤 22시부터 다시금 올라가는 모습을 보입니다. 그래서 한국전력이 겨울철 17~20시, 22~23시 구간을 최대 부하 요금으로 매기게 되었습니다.

향후 전기자동차, 가정용 태양광 발전과 같이 전력 수요에 영향을 미치는 요소가 많아지면 부하패턴 곡선의 모양도 달라지겠지만, 그 무렵에는 계시별 요금제가 정의하는 시간대 또한 이에 맞춰 바뀔 것이므로 앞으로도 현실과 크게 동떨어지거나 꼼수가 발생할 여지는 적다고 봅니다.

비회원 요금

예상보다 빨리 차량이 출고되거나 다른 사정이 생겨서 미처 회원 카드를 준비하지 못한 채 전기자동차를 몰아야 할 경우가 발생할 수 있습니다. 이럴 때는 충전기에서 신용카드나 체크카드로 직접 결제할 수밖에 없는데 다행히 외부 공용 충전기 상당수가 이런 식의 비회원 결제를 지원합니다.

그렇다면 "굳이 회원 카드를 만들 이유가 무엇인가요" 하고 반문하는 분이 계실 수 있습니다. 답은 "이런 식으로 결제하면 의외로 비쌀

한국전력 급속 충전기에서 신용카드로 결제하는 모습

수 있습니다" 입니다. 말하자면 **비회원 요금이 회원 요금보다 비싼 경우가 많다**는 것이며, 큰 요금에 놀라기 전에 미리 주의하실 필요가 있습니다.

여기서 비회원이란, 아무런 회원 인증 절차 없이 결제하는 경우를 뜻합니다. 타사 회원 자격으로 인증하는 "로밍"과는 다릅니다. 로밍 요금은 비회원 요금과는 구분되며, 앞서 보신 회원·로밍 요금체계를 참고하시면 됩니다. 그럼 사업자별 회원과 비회원 요금을 비교해봅시다.

보시다시피, 민간 충전사업자들은 비회원 요금을 매우 높게 책정하는 경향이 있습니다. 환경부(정부)나 한전(공기업)에서 운영하는 충전소들이 차등을 두지 않는 것과 다릅니다. 이러다 보니, 환경부 충전기에서 결제했던 것을 생각하면서 해피차저 같은 곳에서 비회원으로 충전했다가는 낭패를 볼 수 있는 것입니다.

그러므로 되도록 환경부 회원 카드를 만드시는 것을 권장합니다.

로밍 인증만 하더라도 충전기 대부분을 환경부 것과 같은 수준의 요금으로 이용할 수 있기 때문입니다. 회원 카드 발급이 늦어지거나 다른 사정이 있어서 결제 카드를 직접 써야 한다면 환경부나 한전 충전기를 먼저 찾아보시는 것이 좋습니다.

2023년 2월 기준 요금체계

단위: 원/kWh

사업자	회원 요금		비회원 요금
환경부	324.4~347.2		324.4~347.2
해피차저(한충전)	286.7~347.2		430
차지비	완속	259~269	430
	급속	315~345	
KEPCO Plug(한전)	324.4~347.2		324.4~347.2
대영채비	250~340		460
JoyEV(제주전기차)	280~310		480
에버온	완속	198.9~289.9	380
	급속	324.4~347.2	
지차저	완속	217	347.2
	급속	324.4~347.2	
SK일렉링크	완속	200~260	470
	급속	324.4~347.2	
K차저 완속	187.5~244.0		347.2
매니지온 고정형	192		400
이비랑 완속	175~321		420
evPlug	완속	169.9~294.9	430
	급속	300~345	
스타코프 차지콘	194~220		293

출처: 충전사업자 홈페이지 내 안내·공지

결제 카드의 모든 것

전기자동차 보급이 본격화되기 시작한 2017년부터 충전 요금 할인에 특화된 결제 카드가 등장하기 시작했습니다. 카드별로 차이가 있지만 50% 안팎 할인을 제공하는 덕분에 충전요금 부담을 덜어줍니다. 물론 전월 실적이 필요하고 사용 조건이 붙으므로 본인 소비 패턴을 고려한 뒤에 발급받을지 결정하는 것이 좋습니다. 조건이 만족스럽지 않은 분은 일반 카드를 결제용으로 쓰시기도 합니다. 선택을 돕기 위해 주요 카드의 정보를 정리합니다.

종합 비교표

할인 지원 여부							
회사	신한카드	BC카드, KB카드			현대카드	우리카드	삼성카드
카드명	신한EV	그린			KIA RED	카드의정석	iD EV
기간	2017.9.~	2022.4.~ 2022.12.	2023.1.~ 2023.12.		2020.1.~	2020.12.~	2021.11.~
			BC	KB			
환경부	○	○	○	○	○	○	○
해피차저	○	○	○	○	○	○	○
차지비	○	○	○	○	○	○	○
제주전기차		○	○	○	○	○	○
대영채비	○	○	○	○	○	○	○
에버온	○*	○	○	○	○	○	○
지차저				○	○		○
파워큐브	○				○		○
한국전력	○	○	○	○	○	○	○
K차저		○	○	○		○	
SK일렉링크	○				○		○
GS칼텍스		○			○		○
휴맥스	○	○	○	○			

* 공식 리스트에는 없으나 비공식적으로 지원

할인 제공 조건(2023년~)							
조건		1구간			2구간		
		전월실적	할인율	할인한도	전월실적	할인율	할인한도
신한EV	신용	30만 원	30%	2만 원	60만 원	50%	2만 원
	체크			5천 원	–	–	–
그린		30만 원	50%	2만 원	60만 원	50%	3만 원
KIA RED		50만 원	30%	1만 원	100만 원	70%	2만 원
카드의정석*		30만 원	50%	1만 P	60만 원	50%	2만 P
삼성 iD EV		30만 원	50%	2만 원	60만 원	70%	3만 원

* 카드의정석 3구간: 90만 원 / 50% / 3만 P

❹ 카드사별 상품

가) BC카드

(1) 2022년 4월 1일 ~ 2022년 12월 31일

적용 카드	BC그린카드, KB그린카드
할인율	50%
할인 대상	BC카드: 환경부, 해피차저, 차지비, KT, 제주전기차, 대영채비, 에버온, 한국전력, K차저, GS칼텍스, SK에너지, 소프트베리, 대구환경공단, 휴맥스 KB카드: 환경부, 해피차저, 차지비, KT, 제주전기차, 대영채비, 에버온, 한국전력, K차저, GS칼텍스, SK에너지, 소프트베리, 대구환경공단, 휴맥스, LG헬로비전

할인 조건	전월 실적 30만 원 이상 - 2만 원 한도 전월 실적 60만 원 이상 - 3만 원 한도
발급 기관	우리카드, 하나카드, NH농협카드, IBK기업은행, 대구은행, 부산은행, 경남은행, 수협은행, 제주은행, KB국민은행
할인 형태	BC카드: 청구 할인 KB카드: 캐시백(이용 다음 달 말일 결제계좌로 입금)
연회비	V1 없음 / V2 1만 원

(2) 2023년 1월 1일 ~ 2023년 12월 31일

적용 카드	BC그린카드, KB그린카드
할인율	50%
할인 대상	BC카드: 환경부, 해피차저, 차지비, 제주전기차, 대영채비, 에버온, 한국전력, K차저, 대구환경공단, 휴맥스, KEVIT, LG헬로비전 KB카드: 환경부, 해피차저, 차지비, 제주전기차, 대영채비, 에버온, 지차저, 한국전력, K차저, 소프트베리, 대구환경공단, 휴맥스, KEVIT, LG헬로비전, 스타코프, evPlug
할인 조건	전월 실적 30만 원 이상 - 2만 원 한도 전월 실적 60만 원 이상 - 3만 원 한도
발급 기관	우리카드, 하나카드, NH농협카드, IBK기업은행, 대구은행, 부산은행, 경남은행, 수협은행, 제주은행, KB국민은행
할인 형태	BC카드: 청구 할인 KB카드: 캐시백(이용 다음 달 말일 결제계좌로 입금)
연회비	V1 없음 / V2 1만 원

참고 사항: 분기 단위로 계속 기한을 연장하고 있으므로 BC카드와 KB카드 홈페이지의 "이벤트/혜택"에서 전기차 할인/캐시백 공지 확인

나) 신한카드

(1) 신용카드

적용 카드	신한EV카드(2017-09-11 출시), 알뜰교통카드(2019-06-03 출시) 알뜰교통카드는 신한EV카드에 알뜰교통카드 마일리지 사업이 추가된 형태
할인율 및 조건	30%: 전월 실적 30만 원 이상 - 2만 원 한도 50%: 전월 실적 60만 원 이상 - 2만 원 한도
할인 대상	환경부, 해피차저, 한국전력, 차지비, 파워큐브, SK일렉링크, 대영채비, 휴맥스, 소프트베리, 홈앤서비스, 플러그링크
추가 혜택	하이패스 한국도로공사 구간 10% 추가 캐시백 전기자동차 할인 50% + 10%가 되어 실질적으로 40%만 냄 월 5,000원 한도
연회비	마스터카드 1.5만 원 / UPI(은련) 1.2만 원 실제로는 자동 면제 처리됨

(2) 체크카드

적용 카드	신한EV카드 체크(2017-09-11 출시)
할인율 및 조건	30%: 전월 실적 30만 원 이상 - 5천 원 한도 전월 실적이 60만 원 이상 되더라도 신용카드처럼 할인율이 오르지 않음
할인 대상	신용카드와 같음
추가 혜택	하이패스 캐시백 없음
연회비	없음

다) 현대카드

(1) KIA RED MEMBERS 전기차 신용카드(2020-01-15 출시)

할인율 및 조건	30%: 전월 실적 50만 원 이상 - 1만 원 한도 70%: 전월 실적 100만 원 이상 - 2만 원 한도
할인 대상	환경부, 한국전력, 해피차저, 차지비, 파워큐브, KT, 에버온, 제주전기자동차서비스, 대영채비, 지차저, SK일렉링크, GS칼텍스, LG헬로비전, E-pit, 플러그링크
추가 혜택	신차 구입 1.5% M포인트 적립, KIA RED MEMBERS 멤버십 서비스 제공 및 제휴처 레드포인트 0.5% 적립
연회비	비자 3만 원 / 마스터카드 3만 원 / 국내 전용 3만 원

(2) Hyundai EV 신용카드(2021-03-31 출시)

블루멤버스 포인트 적립률 및 조건	50%: 전월 실적 50만 원 이상 - 1만 원 한도 100%: 전월 실적 80만 원 이상 - 2만 원 한도
적립 대상	환경부, 한국전력, 해피차저, 차지비, 파워큐브, KT, 에버온, 제주전기자동차서비스, 대영채비, 지차저, SK일렉링크, GS칼텍스, LG헬로비전, E-pit, 플러그링크
추가 혜택	신차 구입 1.5%, 특정 업종별 0.5~3.0% 블루멤버스 포인트 적립
연회비	비자 3만 원 / 마스터카드 3만 원 / 국내 전용 3만 원

라) 우리카드

(1) 카드의정석 US(2020-12-23 출시)

할인율 및 조건	충전요금 50% 포인트 적립 전월 실적 30만 원 - 1만 포인트 한도 전월 실적 60만 원 - 2만 포인트 한도 전월 실적 90만 원 - 3만 포인트 한도
할인 대상	환경부, 해피차저, 차지비, KT, 대영채비, 에버온, 제주전기차, 한국전력, K차저
연회비	마스터카드 1.5만 원 / BC(국내전용) 1.5만 원

(2) 맑은우리카드(2017-09-22 출시)

할인율 및 조건	30%: 전월 실적 30만 원 이상 - 일 1회, 월 5천 원 한도
할인 대상	환경부, 한국전력, 해피차저, KT, 한국전력
연회비	마스터카드 1.2만 원 / BC(국내전용) 1만 원

(3) ALL다모아카드(2017-01-23 출시), OK캐시백 위비할인카드(2017-08-09 출시)

할인율 및 조건	20%: 전월 실적 30만 원 이상 - 일 1회, 월 5천 원 한도
할인 대상	환경부
연회비	마스터카드 1.2만 원 / BC(국내 전용) 1만 원

마) KB국민카드(그린카드 외)

적용 카드	EVO 티타늄카드(2020-11-30 출시)
할인율 및 조건	충전요금 50% 포인트 적립 전월 실적 50만 원 - 1만 포인트 한도 전월 실적 100만 원 - 2만 포인트 한도 전월 실적 150만 원 - 3만 포인트 한도
할인 대상	전기차 충전기와 수소차 충전소(사업자가 특정되어 있지 않음) 추가 혜택: 친환경 생활 가맹점 5% 적립(별도 적립 한도 적용) 등
추가 혜택	친환경 생활 가맹점 5% 적립(별도 적립 한도 적용) 등
연회비	국내 전용 / UPI(은련) / 마스터카드 3만 원 모바일 단독카드로 발급 시 2만4천 원

바) 삼성카드

적용 카드	iD EV 신용카드(2021-11-26 출시)
할인율 및 조건	50%: 전월 실적 30만 원 이상 - 2만 원 한도 70%: 전월 실적 60만 원 이상 - 3만 원 한도
할인 대상	환경부, 해피차저, 차지비, 제주전기차, 대영채비, 에버온, 지차저, 파워큐브, 한국전력, SK일렉링크, GS칼텍스, SK에너지, 소프트베리, E-pit, 테슬라
추가 혜택	주차장, 하이패스, 대리운전, 배달앱 10% 할인, 현대해상 자동차보험 3만 원 할인, 스트리밍 이용료 20% 할인
연회비	마스터카드 1.5만 원 / 국내 전용 1.5만 원

인기 질문 14 충전요금 100% 할인하는 카드도 가능할까요?

한정 기간 특정 사업자를 대상으로 충전요금 100% 할인을 제공한 사례가 있습니다. 충전요금 할인 카드인 신한EV가 파워큐브 충전기를 대상으로 2019년에 했던 행사가 여기에 해당합니다. 할인은 아니고 용도가 제한적인 포인트 적립을 100%까지 하는 카드도 있기는 합니다. 그런데 100% 할인을 기본 혜택으로 제공할 수 있는가를 생각해보기 위해 몇 가지 짚어볼 것이 있습니다.

기본 실적 대비 제공 할인이라는 관점에서 봤을 때, 특례요금이 완전히 적용되던 시절에 전기자동차 충전이 매출 실적에서 차지하는 비중은 작았습니다. 그래서 해당 매출에 할인을 크게 적용해도 시각적인 효과는 크면서 카드사가 떠안아야 하는 부담은 상대적으로 적었습니다.

그리고 매출 상한, 즉 할인 최대 금액이 있습니다. 예를 들어 주유 할인을 리터당 100원 해주는 카드는 휘발유 가격이 1,500원/L일 때 약 6.7%의 높은 할인을 해줍니다. 그러나 보통 매출 상한과 전월 실적 제한을 둡니다. 전월 실적은 100만 원을 채워야 하고 월 최대 주유 금액이 30만 원어치라고 제한한다고 하면 할인금액은 2만 원 정도의 상한에 묶입니다.

이것을 실질 할인율로 계산해보면, 100만 원 쓴 뒤 2만 원을 돌려받는 셈이므로 2%밖에 되지 않습니다.

300,000원 ÷ 1,500원/L = 200L
200L×100원/L = 20,000원
20,000원 ÷ 1,000,000원 = 0.02 = 2%

만약 전월 실적을 20만 원만 채워도 리터당 60원 할인하는 카드가 있다면, 주유를 20만 원 하면 8천 원 할인받습니다. 개별 할인율은 낮아도 실질 할인율은 4%가 되므로 월 실적이 적은 사람에게는 오히려 유리합니다.

200,000원 ÷ 1,500원/L = 133.33L
133.33L×60원/L = 8,000원
8,000원 ÷ 200,000원 = 0.04 = 4%

신한EV로 돌아와서, 이 카드의 충전요금 할인 최소 조건은 전월 실적 30만 원이고, 요금 할인의 한도는 2만 원입니다. 이것을 충족하면 할인율은 30%"밖에" 안 되지만 한 달에 6만7천 원 충전하면 한도를 다 채웁니다. 환경부 충전기의 단가가 292.9원/kWh이고 차량 연비가 5.5km/kWh이라면

67,000원 ÷ 292.9원/kWh×5.5km/kWh = 1,258km

즉, 공용 충전기를 쓰는 사람은 한 달에 1,260km 정도 타도 한도에 도달합니다. 그리고 30만 원 쓰고 2만 원을 할인받았으므로 실질 할인율은 앞서 본 주유 할인 카드보다 높은 6.7%에 달합니다. 카드 할인 혜택이 이미 상당히 높은 수준이라는 것입니다. 소비자로서는 특정 매출이 높은 할인율 또는 무료로 쓸 수 있는 것만 볼 것이 아니라 카드를 쓰면서 할인받는 총비율 또는 금액이 높은지 보는 게 이득이므로 100%라는 수치에 매달릴 필요는 없다고 생각합니다.

물론, 이렇게 제공되는 혜택에서 할인율을 100%로 올리더라도 카드 회사로서는 전체적인 실질 할인율이 크게 영향을 받지 않도록 할인 한도나 전월 실적 부분을 조절하는 것은 불가능하지 않을 것입니다. 하지만 대부분 그렇게 하지 않는 것은 효용이 그만큼 없기 때문이라고 추정됩니다.

충전요금 계산해보기

완전히 충전하는 데 드는 충전요금

전기자동차의 배터리를 거의 다 소진한 상태에서 완전히 충전하는 데 들어가는 비용을 알기 위해서는 차량과 충전기에 대해 알아야 합니다.

• 차량

탑재된 배터리의 용량(kWh), 충전 손실 수준(%)

• 충전기

운영 사업자(환경부 등), 충전 시간대(16시 등)

배터리의 용량은 일반 차량의 연료 탱크 부피와 같고, 운영 사업자는 주유소와 같다고 생각하시면 됩니다. 물론 일반 차량을 몰 때는 어디서든 매우 빠르게 주유할 수 있어서 용량을 별로 신경 쓰지 않고 주유소에 걸린 가격표만 보게 됩니다.

하지만 전기자동차의 충전은 그만큼 빠르거나 자유롭지 않은 편이라 구매할 때부터 용량과 그에 따른 주행거리를 눈여겨보기 마련입니다. 혹시 본인의 차량의 배터리 용량이 잘 기억나지 않는다면 사용 설명서를 확인해보거나, 1장의 차종별 제원 종합 비교를 참조해 보시기 바랍니다. 이 표에서 충전 손실의 정도도 같이 확인하시면 되는데, 잘 안 나와 있다면 대략 15%를 적용하는 것이 무난합니다.

그리고 기름은 사업자가 같아도 주유소마다, 지역마다 가격이 다르지만, 충전용 전기는 같은 사업자와 형태일 경우에는 요금 정책이 같은 편입니다. 앞서 나온 사업자별 요금을 확인해보시고, 사용하려는 충전기의 단가(원/kWh)를 가늠해보십시오. 어떤 곳은 온종일 같은 요금을 받지만, 어떤 곳은 시간대에 따라 요금이 바뀌는 계시별 요금제를 적용하기도 하므로 몇 시에 충전하는지도 중요할 수 있습니다. 이 과정을 통해 용량과 적용 요금을 알아내었다면, 다음과 같이 계산됩니다.

- **충전단가×용량×(1+손실) = 충전비용**

그런데 처음 접하는 분은 이것을 놓고도 어떻게 계산해야 할지 감이 잘 안 잡힐 수 있습니다. 그러므로 예시를 들어 계산해보겠습니다.

2022년 기준으로 가장 많이 팔린 전기자동차의 배터리 용량은 60~80kWh 범위에 있고, 그중에서 대표적인 차량을 하나 꼽자면 72.6kWh 배터리가 탑재된 아이오닉5가 있습니다. 충전 손실은 12~14%로 산출되어 있지만, 앞서 말했듯이 편의상 15%로 가정해보겠습니다.

그리고 공용 충전기로는 가장 대표적인 환경부 운영 급속 충전기를 사용하면 시간대에 상관없이 2023년 상반기 기준으로 50kW급은 324.4원/kWh, 그 이상은 347.2원/kWh를 받습니다. 그러면 이렇게 계산됩니다.

- 324.4원/kWh×72.6kWh×(1+0.15) = 27,080원
- 347.2원/kWh×72.6kWh×(1+0.15) = 28,990원

즉, 공용 급속 충전기로 한 번 충전하는데 2만 7천~9천 원 정도 듭니다.

한 달 타는 데 드는 충전요금

기본적인 요금 계산 원리는 앞서 완전히 충전하는 데 들어가는 비용에서 본 것과 비슷하지만, 배터리의 용량이 아니라 한 달에 얼마나 많은 에너지를 쓸 것인가를 알아야 답을 구할 수 있습니다. 그리고 이 값은 한 달에 얼마나 주행하는지와 차량의 효율(연비, 전비)이 어느 정도였는지에 따라 결정됩니다. 즉, 사용하는 공식은 다음과 같습니다.

• 충전단가 × 월 주행거리 / 효율 = 월 충전비용

통계청에 따르면 2019년 기준 승용차의 1일 평균 주행거리는 35.1km로 나옵니다. 그렇다면 한 달 평균 1천 km 남짓이라는 것인데, 실제로 전기자동차를 타고 다니는 분들을 보면 연료비 부담이 적어서인지 이보다 많이 타는 경우를 많이 봅니다. 그러므로 한 달에 2천 km 탄다고 가정해보겠습니다.

그다음은 km/kWh로 표현되는 효율인데, 구매하기 전이거나 기록이 별로 없는 분은 공식적인 수치를 참고하시면 되고, 어느 정도 타고 다시신 분은 본인의 기록을 참고해도 됩니다. 이때 기록을 기준으로 하면 충전 손실을 적용해야 합니다. 공식적인 수치는 손실을 고려하고 있으니 따로 신경 안 써도 됩니다. 아이오닉5 롱레인지 2WD 익스클루시브의 5.1km/kWh 수치를 사용해봅시다.

환경부 급속 충전기의 2023년 상반기 기준 요금인 50kW급 324.4원/kWh와 그 이상의 347.2원/kWh를 단가로 적용하면 다음의 결과가 나옵니다.

• 324.4원/kWh × 2,000km / 5.1km/kWh = 127,220원
• 347.2원/kWh × 2,000km / 5.1km/kWh = 136,160원

즉, 공용 급속 충전기로 한 달 충전하면 13만 원 정도 듭니다.

ELECTRIC
CAR

4장

전기자동차 똑똑하게 타고 다니기

고속도로 통행료 할인받기

적용 기간과 법적 근거

전기자동차의 고속도로 통행료 할인은 현재 두 가지 조건으로 제공됩니다.

하이패스 통로를 거칠 때 50% 할인

2024년 12월 31일까지 적용

통행료 할인은 경차(경형자동차)가 받는 혜택에 종종 비견됩니다. 하지만 경차가 적용받는 할인은 특별한 제약이 없는데, 전기자동차는 하이패스 통로를 거쳐야만 적용된다는 점에 아쉬워하시는 분이 계십니다. 실제로 출발이나 도착 부분 중 한쪽이라도 일반 창구로 통과했다면 할인을 못 받기 때문에 주의를 필요로 합니다. 이렇게 된 것에는 관련 법령인 "유료도로법 시행령"에서 원인을 찾을 수 있습니다.

제8조(**통행료의 감면대상 차량 및 감면비율**)

① 법 제15조제2항에서 "대통령령으로 정하는 차량"이란 다음 각 호의 차량을 말한다.

5. 「자동차관리법」 제5조에 따라 등록하거나 같은 법 제27조제1항에 따라 임시운행허가를 받은 자동차 중 **다음 각 목의 기준을 모두 갖춘 승용자동차, 승합자동차, 화물자동차 또는 특수자동차**. 다만, 「환경친화적 자동차의 개발 및 보급 촉진에 관한 법률」 제2조제3호에 따른 전기자동차(이하 "전기자동차"라 한다) 및 같은 조 제6호에 따른 수소전기자동차(이하 "수소전기자동차"라 한다)의 경우에는 가목의 기준을 적용하지 아니한다.

가. 배기량이 1천시시 미만일 것

나. 길이가 3.6미터, 너비가 1.6미터, 높이가 2.0미터 이하일 것

9. **2024년 12월 31일까지** 고속국도를 이용하는 전기자동차 및 수소전기자동차로서 제6항에 따른 전자적인 지불수단 중 **전기자동차 및 수소전기자동차 전용 지불수단을 이용하여 통행료를 납부하는 차량**

③ 제1항·제2항 및 법 제15조제2항에 따른 감면대상 차량의 통행

료의 감면율은 다음 각 호의 구분에 따른다.

2. 통행료의 100분의 50

다. 제1항제3호 내지 제5호의 차량

바. 제1항제9호의 차량

보시면 아시겠지만, 제5호에 정의된 경차에 대해서는 기한도 없고 지불수단에 대한 정의도 없습니다. 그러므로 그냥 어느 통로로 통과해도 상관이 없고 혜택이 끝나는 시점도 없습니다. 하지만 전기자동차는 제9호에서 일몰 시점과 지불수단이 모두 명시된 채로 시행령에 정의되었습니다. 애초에 한시적이고 제한적인 조건으로 혜택을 준다는 의도입니다. 특히 하이패스("전자적인 지불수단")를 지정했다는 것은 사용 촉진이라는 명분이 암시됩니다.

한편, 기한을 정한 것은 해당 법령의 제·개정 이유를 살펴보면 알 수 있습니다. 전기자동차의 고속도로 통행료 할인 제도는 대통령령에 따라 2017년 7월 17일에 개정되고 같은 해 9월 18일 처음 시행되었는데, 당시에 다음과 같이 할인 조항을 제정한 이유를 밝히고 있습니다.

신(新)산업 육성 및 친환경차 보급을 위하여 고속국도를 이용하는 전기자동차 또는 연료전지자동차로서 해당 차량 전용 전자지불수단을 사용하여 통행료를 납부하는 경우에는 통행료의 100분의 50을 감면하도록 하되, 친환경차 보급 목표연도인 2020년 12월 31일까지

만 해당 조항을 한시적으로 적용

즉, 친환경 차량(전기자동차, 수소연료전지차 등)의 보급 목표에 맞춰 기한을 설정했다는 것을 알 수 있습니다. 그래서 목표가 달성되지 않았거나 재설정 되면 연장이 될 수 있는 여지를 열어두었습니다. 그리고 실제로 2020년 12월 29일에 통행료 할인이 2022년 말로 연장되었고 2022년 10월 25일에 2024년 말로 추가 연장되었습니다. 이후의 연장 여부는 향후 정책 기조나 보급 환경에 따라 결정이 될 것으로 예상합니다.

하이패스 단말기 등록하기

고속도로의 하이패스 통행료에 전기자동차 할인이 적용되는 것은 단말기를 기준으로 이루어집니다. 하이패스 단말기에 할인 코드가 등록되면 50% 할인을 적용받는 것입니다. 단말기에 넣은 하이패스 카드는 선불 방식이든 후불 방식이든 종류를 가리지 않으므로 휴게소, 편의점 등에서 사셔도 되고 신용카드사에서 발급받아도 됩니다.

단말기 할인 등록은 원칙적으로 한국도로공사 영업소에서 실시합니다. 고속도로 요금소(톨게이트) 옆에 있는 사무실이 여기에 해당합니다. 민자도로 영업소는 등록 안(못) 해주는 곳이 대부분이므로 방문 전에 확인할 필요가 있습니다.

그리고 혹시 새로 차를 출고했다면, 바로 가시면 안 됩니다. 먼저, 임시 번호판으로는 안 되고 정식 번호판을 달고 있어야 합니다. 단말기에 차량 정보와 함께 할인 코드를 입력하기 때문입니다. 그리고 출고된 차량의 단말기 정보가 도로공사 데이터베이스에 미리 입력되어야 처리할 수 있으므로 차량 출고 후 며칠 기다렸다 가야 낭패 보는 가능성을 줄일 수 있습니다.

할인 코드를 입력하기 위한 조건이 충족되었다면, 영업소에 방문하여 차량 등록증을 제시하고 할인 등록을 신청하면 대부분 10분 안에 등록 처리가 됩니다. 만약 직접 방문할 시간이 나지 않는다면, 차량 제조사 서비스센터에 대행을 맡기는 게 가능할 수도 있으므로 미리 문의해보는 것도 괜찮습니다.

혹시 중고로 차량을 구매했고 전 소유자가 할인 등록을 했다면, 일단은 할인을 계속 받을 수 있습니다. 하지만 차량 번호와 소유자가 불일치하므로 문제의 소지가 있습니다. 가까운 시일 내에 영업소에 방문하여 명의 변경을 해놓는 것을 추천합니다.

참고로, 차량에 장착된 하이패스 단말기는 지금까지의 설명처럼 무조건 영업소에 가서 처리해야 합니다. 하지만 인터넷이나 오프라인 등에서 별도로 구매한 단말기는 컴퓨터에 꽂고 하이패스 홈페이지에 접속해서 할인 등록을 하는 게 가능한 모델들이 있습니다. 사용자 설명서를 참고하여 등록 절차를 확인해 보시기 바랍니다.

인기 질문 15 고속도로인데 통행료 할인이 안 된다?

전기자동차의 통행료 할인 대상 도로는 관련 법령에서 "고속국도", 즉 고속도로로 정의되어 있습니다. 이는 한국도로공사와 민간투자(민자) 구간 모두 해당이 되며, 빨간색과 파란색으로 구성된 방패 모양의 정식 고속도로 마크가 붙어 있습니다. 그러므로 정말 고속도로를 달렸고 단말기 등록이 정상적으로 되어 있었다면 통행료가 할인됩니다.

한편, 일부 "고속화도로"를 편의상 고속도로라고 혼용해서 부르는 경우가 있습니다. 이런 구간은 실제 고속도로가 아니기 때문에 법령을 따르지 않고 자체적인 정책으로 할인 여부를 결정합니다. 대표적인 예로 제3경인고속화도로가 있습니다. 운영 주체가 민간 사업자인 "제삼경인고속도로"이기도 해서 제3경인고속도로로도 불리지만, 공식적으로는 330번 지방도입니다. 여기는 2020년 말까지 전기자동차 통행료를 전액 면제했지만, 현재는 할인하고 있지 않습니다.

마찬가지로, 유료로 운영되는 여타의 각종 도로, 터널, 다리 등도 각자의 운영 방침에 따라 전기자동차 할인 여부가 달라집니다. 할인 제도가 있다면, 해당 구간이 속한 지방자치단체에 등록한 차량만 제공하는 경우가 많습니다. 다음은 주요 지역에서 시행하고 있는 전기자동차 유료도로 통행료 감면 사례입니다.

지역	대상	요금(원)	감면	비고
대구광역시	앞산도로	1,600	100%	대구 등록차량
	범안로	600	100%	
부산광역시	광안대로	1,000	100%	부산 등록차량
광주광역시	제2순환도로	1,200	50%	광주 차량, 2021년까지
경기도	일산대교	1,200	100%	지역 무관, 2020년까지
	서수원-의왕	900	100%	
	제3경인	~2,200	100%	

정기적인 법적 비용 챙기기

자동차세

자동차를 보유하고 있으면 매년 자동차세를 내야 합니다. 일반 차량은 배기량을 기준으로 산정하지만, 많은 분께 해당하는 비영업용 승용 전기자동차는 제원에 상관없이 매년 자동차세 10만 원, 지방교육세 3만 원을 합쳐 총 13만 원의 세금을 내는데, 대부분 동급 차량 대비 상당히 저렴한 수준입니다.

대신 일반 차량은 차령에 따라 자동차세가 경감되지만, 전기자동차는 별도 조례로 정의가 된 제주도 등록 차량을 제외하고는 해당하지 않습니다. 그리고 버스, 승합차, 화물자동차 등은 전기를 동력으로 삼더라도 일반 차량과 같은 기준을 적용합니다.

한편, 연납, 즉 연 세액을 한꺼번에 내는 제도를 활용하면 조금이라도 돈을 아낄 수 있습니다. 2020년까지는 1월에 연납하면 10%를 공제받았지만, 2021년부터 개정되어 1월분을 제외하고 계산한 만큼만 공제되며, 공제율은 점진적으로 줄어듭니다. 예를 들어 2023년은 6.41%(= 334일 / 365일)입니다.

시기	연납액	원 납부액
~2020년	117,000 = 130,000 × (1 - 0.10)	130,000 = 100,000 + 30,000
2021~2022년	118,100 = 130,000 × (1 - 0.0915)	
2023년	121,660 = 130,000 × (1 - 0.0641)	
2024년(예정)	124,050 = 130,000 × (1 - 0.0458)	
2025년~(예정)	126,430 = 130,000 × (1 - 0.0275)	

기본적인 법적 근거는 "지방세법"(2021-12-28)에서 확인할 수 있습니다.

제10장 **자동차세**

제127조(**과세표준과 세율**)

① 자동차세의 표준세율은 다음 각 호의 구분에 따른다. 〈개정 2011. 12. 2.〉

3. 그 밖의 승용자동차

다음의 세액을 자동차 1대당 연세액으로 한다.

영업용	비영업용
20,000원	100,000원

4. 승합자동차

다음의 세액을 자동차 1대당 연세액으로 한다.

구분	영업용	비영업용
…	…	…
대형일반버스	42,000원	115,000원
소형일반버스	25,000원	65,000원

5. 화물자동차

다음의 세액을 자동차 1대당 연세액으로 한다. 다만, 적재정량 1만 킬로그램 초과 자동차에 대하여는 적재정량 1만 킬로그램 이하의 세액에 1만 킬로그램을 초과할 때마다 영업용은 1만 원, 비영업용은 3만 원을 가산한 금액을 1대당 연세액으로 한다.

구분	영업용	비영업용
1,000킬로그램 이하	6,600원	28,500원
2,000킬로그램 이하	9,600원	34,500원
…	…	…

제128조(**납기와 징수방법**)

③ 납세의무자가 연세액을 한꺼번에 납부하려는 경우에는 제1항 및 제2항에도 불구하고 다음 각 호의 기간 중에 대통령령으로 정하는 바에 따라 연세액(한꺼번에 납부하는 납부기한 이후의 기간에 해당하는 세

연세액 신고납부기간	계산식
1월 16일부터 1월 31일까지	연세액 x 연세액 납부기한의 다음 날부터 12월 31일까지의 기간에 해당하는 일수/365(윤년의 경우에는 366) x 금융회사 등의 예금이자율 등을 고려하여 대통령령으로 정하는 이자율
3월 16일부터 3월 31일까지	
6월 16일부터 6월 30일까지	
9월 16일부터 9월 30일까지	제2기분 세액 x 연세액 납부기한의 다음 날부터 12월 31일까지의 기간에 해당하는 일수/184 x 금융회사 등의 예금이자율 등을 고려하여 대통령령으로 정하는 이자율

액을 말한다)의 100분의 10의 범위에서 다음의 계산식에 따라 산출한 금액을 공제한 금액을 연세액으로 신고납부할 수 있다.

1. 1월 중에 신고납부하는 경우: 1월 16일부터 1월 31일까지

2. 제1기분 납기 중에 신고납부하는 경우: 6월 16일부터 6월 30일까지

3. 제1항 단서에 따른 분할납부기간에 신고납부하는 경우: 3월 16일부터 3월 31일까지 또는 9월 16일부터 9월 30일까지

제12장 **지방교육세**

제151조(**과세표준과 세율**) ① 지방교육세는 다음 각 호에 따라 산출한 금액을 그 세액으로 한다. 〈개정 2010. 12. 27., 2013. 1. 1., 2014. 1. 1., 2014. 12. 23., 2015. 7. 24., 2020. 8. 12.〉

7. 이 법 및 지방세감면법령에 따라 납부하여야 할 자동차세액의 100분의 30

연납 공제율은 "지방세법 시행령"(2023-01-10)에서 정합니다.

제125조(**자동차 소재지 및 신고·납부**)

⑥ 법 제128조제3항 및 제4항의 계산식에서 "대통령령으로 정하는 이자율"이란 각각 과세연도 별로 다음 각 호의 구분에 따른 율을 말한다. 〈신설 2020. 12. 31.〉

1. 2021년 및 2022년: 100분의 10
2. 2023년: 100분의 7
3. 2024년: 100분의 5
4. 2025년 이후: 100분의 3

한편, 제주도에서 차령에 따라 추가 감면이 이루어지는 근거는 "제주특별자치도세조례"(2021-05-20)에서 확인됩니다.

제10장 **자동차세**

제32조의 2(**전기자동차에 대한 세율 특례**)

① 제주특별법 제123조에 따라 「환경친화적 자동차의 개발 및 보급 촉진에 관한 법률」제2조제3호에 따른 전기자동차로서 같은 조 제2호 각 목의 요건을 모두 갖추고 영 제122조제2항에 따라 **차령이 3년 이상인 비영업용 승용자동차**인 경우 다음의 계산식에 따라 산출한 해당 자동차에 대한 제1기분(1월부터 6월까지) 및 제2기분(7월부터 12월까지) 자동차세액을 합산한 금액을 해당 연도의 그 자동차의 연세액으로 한다. 이 경우 차령이 12년을 초과하는 자동차에 대하여는 그 차령을 12년으로 본다. 〈개정 2018. 7. 13.〉 [본조신설 2016. 6. 22.]

자동차 1대의 각 기분세액

= A/2 - (A/2 × 5/100)(N - 2)

A: 법 제127조제1항제3호에 따른 연세액 N: 차령 (2 ≤ N ≤ 12)

보험료

전기자동차를 보험에 드는 것과 관련하여 많이 나오는 질문으로, 전용 보험이 있는지, 보험료는 비싸지 않은지 등이 있습니다. 하나씩 짚어보겠습니다.

먼저, 보험사에서 전기자동차에 특화된 보험을 제공한다고 하더라도 일반 차량과 똑같은 방법으로 가입하게 됩니다. 인터넷에서 다이렉트 보험을 들거나, 설계사를 통해 들 수도 있습니다. 다만 일반 자동차 보험에 전기자동차에 대한 특약이 추가되고 할인이나 혜택 범위를 일반 차량과 다소 다르게 적용하는 것을 주로 볼 수 있습니다. 예를 들어 비상 상황에서 충전하는 것을 고려하여 긴급 견인 기본 제공 거리가 늘어납니다.

그렇다면 문제는 비용인데, 간단히 말하면 동급의 일반 차량보다 다소 더 나올 소지가 있습니다. 보험료는 같은 보험사에서 기본 보장을 똑같게 설정하더라도 차량의 종류나 가입자의 이력 같은 변수만 가지고도 금액이 크게 차이가 나기 때문에 얼마가 든다고 말하는 것은 매우 어렵습니다. 하지만 차량만 놓고 봤을 때 왜 더 나올 수 있는지는 알 수 있습니다.

핵심은 **자기차량손해담보**, 줄여서 자차손해 또는 자차로 많이 불리는 항목입니다. 이것은 사고 등으로 차량에 손해가 발생했을 때를 보장하는 것이므로 보험료 중에서 가장 큰 비중을 차지하는 단일 항목입니다. 그런데 금액을 산정하는 데 작용하는 주요 요소가 차량가액과 평가등급입니다.

보험료 계산을 할 때 기준이 되는 **차량가액**은 보조금을 고려하지 않은 원래의 가격에 감가상각을 적용합니다. 보조금은 국가와 거주지역에서 구매비용을 일부 대신 내준 것일 뿐, 차량의 원래 가치가 변한 것은 아니기 때문입니다. 그래서 동급의 일반 차량보다 단가가 비싼 전기자동차는 비싸게 계산될 수밖에 없습니다. 다만, 일부 보험사에서는 전기자동차 특약을 통해 추가 할인율을 적용하여 차이를 상쇄하고자 합니다.

다음은 보험개발원에서 정한 **손상성·수리성 평가등급**이 있습니다. 이것은 매 분기마다 각 차량에 대하여 산정하고 있습니다. 등급의 공식적인 설명은 다음과 같습니다.

손상성·수리성 평가등급은 1등급~26등급(26단계)으로 구분되며, 등급이 높을수록(26등급에 가까울수록) 차량의 저속 충돌 시 손상성·수리성이 우수함을 의미함
평가등급은 차량의 손상성 및 수리성을 반영한 심도지수(충돌평가, 부품평가, 공임평가, 도장평가 반영)와 차량의 손해율을 반영한 빈도지수에 의하여 결정됨

차량의 심도지수(손상성 수리성 반영)는 각 모델별 충돌특성, 부품가격, 작업시간공임 및 도장공임을 평가하여 산출됨
충돌평가는 RCAR 기준 15km/h 경사벽에 대한 전/후면의 충돌시험으로 인한 손상성 및 수리성의 특성을 지수화함

쉽게 말해서 등급이 높을수록 차량이 사고 났을 때 수리하기가 편하고 저렴하며, 차량이 안전해도 수리비용이 높다면 등급은 낮게 평가됩니다. **이 등급이 높을수록 자차손해 비용이 내려간다**고 보시면 됩니다. 그리고 보험개발원은 이것을 산정하기 위해 여러 가지 실험과 평가를 계속하고 있습니다.

홈페이지의 "차량기술연구소" 항목에서 "차량 모델등급" 조회를 하면 전기자동차 중에서는 다음과 같이 확인됩니다.

제조사	차량	등급		내연기관 버전의 등급
		2020	2021	
기아	쏘울 부스터 EV	22		18
기아	쏘울 EV	21		19
현대	넥쏘 FCEV	21		
기아	니로 EV	20		20
현대	코나 일렉트릭	20	19	20
현대	아이오닉 일렉트릭	19		16
현대	블루온	17		
르노삼성	ZOE	16		
대창	다니고 EV	16		
한국GM	스파크EV	14		14
GM	볼트EV	12	14	

출처: 보험개발원 차량기술연구소

내연기관 버전과 비교했을 때 전기자동차 버전은 비슷하거나 등급이 다소 높아서 보험료 산정에 불리하지는 않아 보입니다.

한편, 현재 출시되고 있는 현대·기아자동차의 차종은 등급이 높고 다른 업체의 차종은 상대적으로 낮습니다. 실제로 차급이 엇비슷한 코나와 볼트의 보험료를 산출해보면 볼트가 높게 나오는데, 원인이 여기에 있다고 볼 수 있습니다. 즉, 단순히 전기자동차여서 보험료가 비싼 것이 아니라 수리비가 상대적으로 높다는 것이 등급으로 반영된 결과로 그렇게 된 것이라고 해석하는 것이 타당해 보입니다.

흥미롭게도, 마침 두 차종은 2020년에서 2021년으로 넘어가면서 등급이 바뀌었습니다. 볼트의 등급이 오른 것은 2019년 말에 국산

제조사	차량	등급		참고 차량
		2020	2021	
르노삼성	뉴SM3 (중형)	14		SM3 ZE
메르세데스 벤츠	기타차량	12	14	EQA, EQC
BMW	기타차량	8	9	i3
아우디	기타차량	8		e-tron
포르쉐	기타차량	6		타이칸
닛산	기타차량	3	4	리프
재규어	기타차량	1	2	i-Pace
푸조	기타차량	1		e-208, e-2008

출처: 보험개발원 차량기술연구소

부품의 공급단가가 대폭 줄어들어 수리비가 줄어든 것을 반영한 것으로 추정되며, 코나는 배터리 리콜 문제와 관련이 있지 않나 생각해 봅니다.

아쉽게도 다른 전기자동차는 조회가 되지 않았습니다. 대신에 참고할만한 등급을 정리하면 다음과 같습니다. 만약 본인 차량의 정확한 등급을 확인하고 싶다면, 보험 청약서의 차량 사항에서 모델등급을 보시면 표시가 되어 있으므로 참고하시기 바랍니다.

배터리를 둘러싼 궁금증 파헤치기

몇 년 안 타도 용량이 많이 줄어든다?

배터리의 수명을 논하기 위해서는 먼저 이를 가장 크게 좌우하는 실효 사이클 수와 방전 깊이에 대해 알아야 합니다. 온도나 방전 속도도 중요한 요소이지만, 차량의 배터리 관리시스템이 최적 수준으로 관리한다는 가정을 하도록 하겠습니다.

실효 사이클 수(EFC, Effective Full Cycles)는, 배터리 용량에 해당하는 만큼 에너지를 끌어다 쓸 때마다 1 사이클씩 올라갑니다. 예를 들어 방전 구간이 100→0% 될 때까지 한 번 써도 1 사이클, 100→50%를 두 번 해도 1 사이클, 75→50%를 네 번 해도 1 사이클 쓴 것으로 봅니다.

방전 깊이(DoD, Depth of Discharge)는 얼마나 높은 잔량에서 시작해서 낮은 잔량까지 방전했는지 보는 기준입니다. 이것은 극단적일수록 배터리 수명을 단축합니다. 한 연구에 따르면, 차량에서 널리 쓰이는 NMC 계열 리튬이온 전지의 경우 통상적으로 100→0% 식으로 쓰면 약 430 사이클 후 용량이 80% 정도로 저하된다고 봅니다. 반면에 80→20%로 쓰면 그 수준으로 저하되는데 1,800 사이클이 걸립니다.

휴대전화는 대개 하루 한 번 완전히 충전했다가 완전히 방전하는 것에 가깝게 쓰입니다. 그래서 500 사이클이 되는 1년 반 내외에 용량이 10~20% 줄어드는 경우가 많은 것입니다.

그런데 전기자동차도 이런 식으로 쓰고자 한다면 볼트, 코나, 니로 같은 차량 기준으로 매일 400km씩 타야 합니다. 그러면 1년 반 만에 20만km를 타게 됩니다. 그런데 설령 이렇게 타더라도 배터리 관리시스템이 휴대전화보다 정교하게 설계되어 있으므로 배터리 용량 감소가 그렇게 두드러지게 나타나지 않습니다. 실제로 4년 동안 볼트를 41만km 타면서도 배터리 열화가 그리 크지 않았다는 국내 사례가 기사화된 적이 있습니다.

이런 점을 종합해보면, 1년에 2만~4만km 타면서 중간에 잘 충전해서 쓰는 사용자라면 10년 동안 수십만km를 탔더라도 심각하게 주행거리가 줄지 않으리라고 예상됩니다. 물론 그렇다고 하더라도 조금 더 잘 관리를 해서 더 오래 타고 싶다면 이렇게 해보는 것을 권장합니다.

0~20%: 될 수 있으면 여기까지 잔량이 떨어지는 것은 지양하시기 바랍니다. 낮은 전압 상태가 지속되면 배터리 구성 물질에 무리가 가고 불필요한 화학반응이 일어나는 등 성능이나 수명에 지장을 주는 현상이 발생하기 쉽습니다. 그래서 이 구간은 리튬이온 배터리의 수명이 가장 좋지 않습니다. 한편, 급속 충전 속도는 완전히 바닥이 아닌 이상은 상당히 빨리 이루어지기 때문에 보충은 신속하게 수 있습니다.

20~80%: 이 범위 내로 운용하면 배터리에 가해지는 부담도 가장 적고, 급속 충전 속도도 대체로 최고(20~60% 안팎)에서 중간(60~80% 안팎) 수준을 기대할 수 있습니다. 장거리 주행 중 급속 충전을 종종 해야 할 때 시간 낭비를 피하려면 이 범위 내에서 운용하면 됩니다.

80~100%: 매일 타고 다닌다면 여기까지 충전해놓아도 배터리 수명에는 별로 문제가 되지 않으나, 100% 채우고 장기간 방치하면 부담이 발생합니다. 장기간 운행을 안 할 예정이라면 50% 안팎까지만 채워놓는 게 좋습니다. 급속 충전 속도가 현저히 떨어지기 시작하는 구간이므로 시간을 효율적으로 쓰려면 이 구간에서 급속 충전은 지양하는 것이 좋습니다.

평생 보증은 용량이 줄기만 해도 무상 교환해준다?

일부 제조사에서 배터리에 대한 "평생 보증"을 제공하면서 수명에 대한 자신감을 내비쳤습니다. 그런데 이 혜택은 배터리 성능이 떨어

인기 질문 16 급속 충전은 80%까지만 되나요?

과거와 현재에 나타난 몇 가지 정보가 섞이면서 급속 충전의 특성과 한계에 대하여 오해가 발생하기도 합니다. 이에 대해 정리해보면 다음과 같습니다.

80% 넘어가면: 완속 속도로 떨어진다(×)
급속 충전 속도가 느려진다(○)

일반적인 최고 완속 충전 속도는 7kW입니다. 그런데 급속 충전 속도가 느린 편에 속하는 볼트EV라 할지라도 상온에서 50kW급 급속 충전기를 사용해보면 80% 시점에서 25kW 내외, 90%에서 15kW 내외는 나옵니다. 급속 본연의 속도에는 못 미치지만 완속 충전보다는 최소 2배 이상 빠르다는 것을 알 수 있습니다. 그러므로 80% 이후 느려진다는 것은 완속 속도가 된다는 것이 아니고 급속 최고 속도보다 많이 떨어져서 효율적이지 않다는 것으로 이해하시면 됩니다.

급속에서는 완전 충전이 안 된다(△)

초창기 전기자동차 중에서는 일정 수준 이상 급속 충전을 받아들이지 못하는 것도 있었습니다. 급속 충전기를 이용하면 80~94% 정도에서 차량이 자체적으로 충전을 종료했던 것입니다.

그러나 지금 나오는 전기자동차들은 설정에서 최대 충전량을 100%보다 낮게 설정하지 않는 이상 100%까지 급속 충전기에서 충전이 가능한 것이 일반적입니다. 그러므로 따로 설정하지 않았음에도 100%까지 충전이 안 되는 것을 보게 된다면 충전기가 자체적으로 충전을 종료시켜서 그런 것일 가능성이 큽니다. 구형 급속 충전기 중 94%에 도달하면 종료되는 것이 여기에 해당합니다.

지기만 해도 폐차할 때까지 무상으로 교환해주는 것이 아닙니다. 일단 배터리 보증이라는 것은 기한 유무를 제쳐두고라도

- **정상적으로 사용해 왔음**
- **사용자 과실로 인한 손상이 없음**
- **자연적으로 열화되는 수준을 넘어서는 성능 저하가 나타남**

등의 상황이 모두 충족될 때 적용됩니다. 셋 중 어느 하나라도 아니라면 보증 대상이 아닙니다. 여기서 열화란 사용 횟수 증가에 따른 정상적인 용량 감소를 뜻합니다. 배터리의 화학반응이 지속해서 발생하는 동안 약간씩 불완전한 부분이 쌓이게 되기 때문에 완벽한 조건에서도 용량은 줄어듭니다.

1세대 전기자동차

차종	전기차 부품 보증	고압 배터리 보증	보증 잔량
닛산 리프(2014)	3년/10만km	5년/10만km	70%
i3	5년/10만km	8년/10만km	
레이EV	6년/12만km	6년/12만km	
EV Z	3년/6만km	8년/12만km	
SM3 ZE(2014)	5년/10만km	7년/14만km	
쏘울EV	10년/16만km	10년/16만km	

1.5～2세대 전기자동차

<table>
<tr><th>차종</th><th>전기차 부품 보증</th><th>고압 배터리 보증</th><th>보증 잔량</th></tr>
<tr><td>아이오닉,
코나(~2019), 니로EV</td><td rowspan="2">10년/16만km</td><td>평생
(최초 구매자)</td><td>50%</td></tr>
<tr><td>쏘울 부스터,
코나(2020~), 아이오닉5</td><td>10년/20만km</td><td>65%</td></tr>
<tr><td>볼트EV</td><td>8년/16만km</td><td rowspan="3">8년/16만km</td><td>60%</td></tr>
<tr><td>SM3 ZE(2018),
닛산 리프(2019), 조에</td><td>5년/10만km</td><td rowspan="4">70%</td></tr>
<tr><td>e-tron, i-Pace, 타이칸,
EQC, e-208/2008, DS3</td><td>3~8년/
10~16만km</td></tr>
<tr><td>테슬라 모델S, X</td><td>8년/24만km</td><td>8년/24만km</td></tr>
<tr><td>테슬라 모델3, Y</td><td>8년/19.2만km</td><td>8년/19.2만km</td></tr>
</table>

출처: 제조사 홈페이지 내 차량 소개, 카탈로그
테슬라 모델3, Y 스탠다드 레인지는 8년/16만km 보증

기한을 정한 배터리 보증은, 2세대 차량 기준으로 최소 8년 또는 16만km 이상일 때 70% 용량이 남는, 즉 30%까지 줄어드는 것이 정상이라고 봅니다. 그보다 빨리 용량이 줄어들었다면 배터리 이상이 의심되므로, 정밀 점검 결과 후 실제로 셀이 불량이라고 판단되면 보증기한 내에 무상 교환합니다.

이에 비해, 평생 보증은 기한을 없앤 대신에 불량의 기준을 내부적으로 50%까지 낮춘 것으로 알려져 있습니다. 즉, 자연적으로 사용했을 때 폐차 전 언젠가 셀 불량으로 배터리 용량이 반으로 줄어든다고 하면 무상 교체가 가능한 것입니다. 물론 자연 열화라면 해당하지 않습니다.

그래서 평생 보증이 매력적으로 보이기는 해도 실제로 적용받는 사

례는 극히 드물 것으로 예상됩니다. 10년 넘게 차량을 보유하다가 배터리 불량이 발생해도 보증을 받을 수 있다는 점은 일반 보증보다 유리하지만, 이것도 최초 구매자에게만 제공되므로 중고 차량 구매자에게는 해당되지 않습니다.

완속 충전은 좋고 급속 충전은 나쁘다?

여건상 급속으로만 충전할 수밖에 없다고 해서 두려워할 필요가 없습니다. 이 질문에 대한 대답을 간단하게 정리해서 말씀드리면 이렇습니다.

완속이 급속보다 조금이라도 좋은 것은 사실이다.
그러나 배터리가 빨리 노화되는 걸 차량 제조사들은 원치 않는다.
그래서 급속 충전이 배터리에 미치는 영향을 최소화한다.
결국 실제로는 둘이 큰 차이를 보이지 않는다.

제조사는 급속 충전을 자주 하는 것까지 고려해서 배터리 보증을 하고 있습니다. 그러므로 무상 보증 기간(일반적으로 8~10년, 16만~20만 km) 내에 교체를 최소화하기 위해서라도 급속 충전이 배터리 수명에 큰 영향을 주지 않도록 배터리 관리시스템을 설정해두었다고 볼 수 있습니다. 일상적인 급속 충전을 해보면 용량이 가득 찰수록 충전 속도가 줄어드는데, 이것은 급속 충전으로 배터리 셀에 부담을 주는 문제를 최소화하는 방법의 하나입니다.

그리고 만약 급속 충전이 정말 심각한 문제를 초래한다면 설명서나 계기판에 급속 충전을 자제하라는 안내가 나올 것입니다. 실제로 어떤 차량은 가장 빠른 속도로 급속 충전을 하는 횟수를 제한하기도 하고, 급속 충전 중 온도가 높아지면 충전을 제한하기도 하여 배터리를 보호합니다. 만약 그 외에도 정말 문제가 된다면 배터리 보증에서도 급속 충전을 예외 사항으로 두었을 것이지만 그런 내용은 찾아보기 힘듭니다.

참고로, 현대자동차에서 제조하는 전기자동차의 설명서에는 1달에 한 번 정도 완속 완전 충전을 권장하는 것을 볼 수 있는데, 배터리의 건강 상태(완전 충전 시 각 셀의 전압으로 가늠)를 확인하여 정확한 용량 파악을 유도하는 목적이 큽니다. 꼭 이 행위를 해야만 배터리 수명이 길어지는 건 아닙니다. 한국GM(쉐보레)의 전기자동차 설명서에는 이와 관련된 내용이 전혀 나오지 않습니다. 제조사마다 관리 특성이 약간씩 차이가 있는 셈입니다.

인기 질문 17 급속 충전 중 속도나 전류가 바뀌는데 이상하지 않나요?

전기자동차의 급속 충전은 차량에서 요구하는 만큼의 전력을 충전기가 보내주는 식으로 작동합니다. 충전 전압은 배터리 전압을 따라가므로 전류 조절로 요구사항을 맞추는 게 일반적입니다. 충전기는 보낼 수 있는 최대 전류 범위 내에서 차량이 보내달라는 만큼만 보내줍니다.

볼트EV는 최대 55kW로 충전되지만 50% 이상에서는 약 40kW, 67% 이상에서는 25kW로 떨어집니다. 충전이 많이 될수록 부담이 가기 때문에 속도를 늦추게 됩니다. 휴대전화가 최대 10~15W 충전을 지원해도 배터리가 80% 이상 차면 서서히 느려져서 나중엔 5W도 안 나오는 것과 같습니다.

배터리 온도에 따라서도 셀 보호를 위해 충전 전류 제한이 걸릴 수 있습니다. 35도 넘는 날 볼트EV를 충전하니 잔량이 50% 미만이었는데도 35kW로 충전되고, 영하 5도에서 20kW도 안 나오는 경우가 있었습니다.

이렇게 온도, 잔량 등의 변수로 결정된 충전 전류를 차량이 충전기에 요구해서 받기 때문에, 단위시간당 충전량은 때에 따라 매번 다를 수밖에 없습니다. 이것은 지극히 정상이며, 이렇게 충전해야만 배터리 수명이 최적으로 유지됩니다. 급속에서 다양한 여건을 고려 안 하고 충전 속도를 그대로 끝까지 유지하면 배터리가 고장 나기 쉽습니다.

반면에 완속 충전에서는 정량적 충전을 흔히 볼 수 있습니다. 전류 자체가 워낙 낮아서 충전 속도를 일정하게 유지해도 상관이 없기 때문입니다. 99% 이상 충전하지 않는 이상은 속도가 떨어지는 것을 보기 힘듭니다.

덧붙여, 공급되는 전력의 품질로 인해 배터리에 영향이 있지 않을까 걱정되어 충전 전압·전류를 확인해 보는 경우가 있습니다. 그런데 이는 기기의 정밀도나 정확도에 차이가 있으므로 품질을 바로 가늠할 수 없습니다. 그리고 만약 정말 문제가 있으면 이상을 감지하고 충전이 중단됩니다. 그러므로 전력 품질 저하로 인한 문제는 걱정 안 하셔도 됩니다.

소모품과 액세서리 관리하기

정기적인 소모품 핵심 정리

전기자동차는 동력을 발생시키는 부분이 일반 차량과 다르므로 차이가 나는 점도 있지만, 자동차라는 것은 변함이 없어서 비슷한 점도 많습니다. 평소 여기저기 몰고 다니게 되면서 어떤 부분을 신경 써야 하는지 살펴보도록 하겠습니다. 물론 각 차량에 알맞은 가장 확실한 지침은 사용 설명서 후반에 나와 있는 정비 또는 정기 점검 안내 항목이므로 꼭 동시에 확인하는 것이 좋습니다.

가) 엔진오일, 오일 필터, 에어(흡기) 필터: 존재하지 않음

내연기관에서는 정밀 가공된 피스톤, 밸브, 베어링 등이 끊임없는 폭발을 견뎌내면서 부드럽게 운동하기 위해 엔진오일을 순환시킵니다. 그리고 엔진오일에 불순물이 끼는 것을 방지하기 위해 오일 필터가 필요합니다. 하지만 전기모터는 영구자석과 전자석에 의해 구조적으로 거의 마찰이 발생하지 않고 초고온·고압 환경에서 작동하지 않기 때문에 내연기관과 같은 방식의 윤활 기능을 사용하지 않습니다.

내연기관에는 연료를 연소할 때 사용하는 공기를 깨끗하게 걸러내기 위한 에어 필터도 사용하는데(에어컨 필터와 다른 것임), 전기모터는 연료를 연소시키지 않아 별도의 공기 유입이 필요 없으므로 이 필터 또한 사용하지 않습니다.

나) 감속기(변속기) 오일: 6만km마다 점검 ~ 무교환

전기 모터는 넓은 범위에서 높은 효율을 내기 때문에, 내연기관과 달리 변속을 할 필요가 적습니다. 그래서 부품을 단순화하고 일반 주행속도 범위에서 효율을 높이기 위해 1단으로만 고정 변속하는 "감속기"가 모터에 연결되어 있습니다.

이 부품은 일반 변속기와 마찬가지로 원활한 작동을 위한 윤활유가 들어가는데, 어떻게 설계되어 있느냐에 따라 공식적으로 무교환(한국GM, 르노삼성 등)이거나 6만km마다 점검 및 가혹 조건에서 12만km마다 교체(현대·기아자동차 등)로 안내하고 있습니다. 무교환이라고 하더라도 본인 필요에 따라 점검이나 교환하는 것은 자유입니다.

다) 냉각수: 6만km/3년 ~ 24만km/5년 주기로 교환

전기 모터는 내연기관만큼 뜨겁게 작동하지 않으므로 냉각수가 별로 필요하지 않으리라 생각할 수 있지만, 적정 온도를 유지하기 위해 여전히 냉각수가 필요합니다. 그리고 요즘 전기자동차는 배터리 온도를 효과적으로 관리하기 위해서도 모듈 사이로 냉각수를 순환시킵니다.

냉각수 순환경로는 기본적으로 폐쇄되어 있지만, 장기적으로 화학 성분이 열화되기 때문에 제조사에서 권장하는 주기에 맞춰 지정된 냉각수를 교환해주는 것이 좋습니다. 현대·기아자동차는 저전도 냉각수를 6만km 또는 3년마다 교체하라고 하며, 르노삼성은 6~10만 km/5년, 한국GM은 24만km/5년으로 안내하고 있습니다. 민감한 전자부품을 거쳐 갈 수 있다는 점을 고려하면, 부족분이 있다고 하더라도 보충하겠다고 증류수나 다른 액체를 넣는 것은 권장하지 않습니다.

볼트EV의 냉각수(뒤쪽 통에 담긴 액체)

라) 브레이크 패드/디스크/라이닝: 1만~2만km마다 점검

자동차를 몰면서 브레이크를 쓰는 정도는 여건에 따라 다르므로, 설명서에서는 내연기관 차량과 마찬가지로 주기적으로 마모상태를 확인하라고만 안내하고 있습니다. 현대·기아 1만, 한국GM 1.5만, 르노삼성 2만km로 나옵니다. 주기에 차이가 있는 것은, 차량의 브레이크 특성이 달라서라기보다 제조사별로 구분한 일반 정비 주기의 차이 때문으로 보입니다.

전기자동차는 물리적 브레이크의 마찰력을 쓰지 않고도 제동할 수 있는 회생제동 기능을 자주 쓰게 되기 때문에 마모 속도가 일반 차량보다 현저히 느립니다. 그래서 수년간 운행한 전기자동차의 브레이크 패드가 거의 새것 같다는 보고가 종종 보입니다. 한 가지 주의할 점은, 브레이크를 너무 안 쓰면 디스크 오염 등으로 인해 정작 필요할 때 오작동할 수 있으므로 가끔 브레이크 페달을 꾹 눌러 작동시켜 주는 것이 좋습니다.

마) 브레이크액: 2년 또는 4만~5만km마다 교체

브레이크를 밟을 때 높은 압력을 전달하기 위한 유체로, 일부 제조사 등에서 "오일"로 잘못 표기하기도 하지만 실제로는 대부분 글리콜계나 실리콘계 액체를 씁니다. 이것에 문제가 생기면 브레이크가 힘을 발휘하지 못하는데, 전기자동차의 회생제동으로는 급정거를 할 수 없다는 점을 상기한다면 안전을 위해서라도 정기적으로 점검과 교체를 해야 합니다.

브레이크액이 흡수한 수분을 측정하는 모습

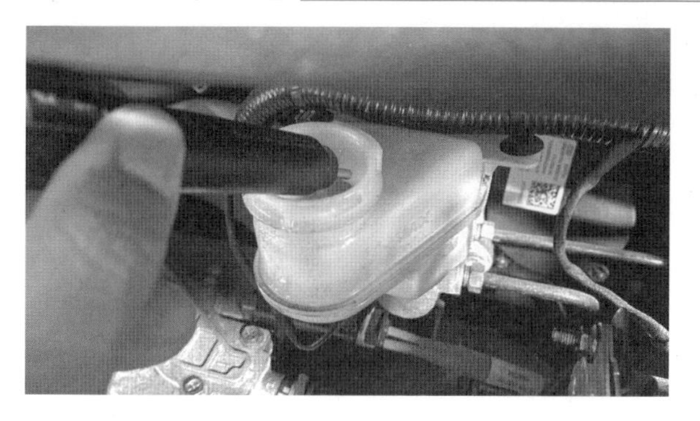

브레이크액은 수분을 흡수하는 특성이 있어서, 별로 쓰지 않는다고 해도 자연적으로 수분 함량이 높아지며 열화가 일어납니다. 그래서 교체 주기가 내연기관 차량과 동등한 수준입니다. 현대·기아자동차는 5만km마다 교체를 권장하고, 한국GM은 주행거리에 상관없이 2년마다 바꾸라고 안내하고 있습니다. 르노삼성은 4만km 또는 2년으로 나와 있습니다.

바) 타이어: 1만~1.2만km마다 위치 교환

타이어의 마모 속도도 주행 여건이나 운전 스타일에 많이 좌우되기 때문에 교체 주기를 설명서에 언급하고 있지는 않습니다. 다만 일반 차량과 마찬가지로 마모상태를 수시로 점검하고, 약 1만km마다 위치를 교환하도록 안내하고 있습니다. 이것은 일반적인 사항이며, 타이어 상태에 따라서 주기를 앞당기거나 늦출 수 있습니다.

타이어 마모 게이지로 홈의 깊이 측정 중

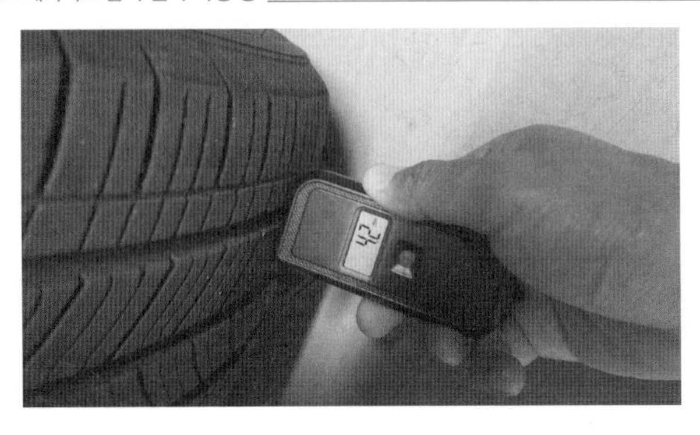

사) 12V 배터리: 수시 점검

전기자동차엔 주행 동력을 제공하는 고용량 배터리가 있어서 12V 배터리가 따로 들어가지 않을 것 같지만, 실제로는 필요가 있어서 아직도 사용하고 있습니다. 주행 조건이나 관리상태에 따라 편차가 크기 때문에 대부분의 제조사는 수시로 상태를 점검하라고 안내하고 있으며, 르노삼성은 3년마다 교체하는 것을 언급하고 있습니다.

아) 에어컨(캐빈) 필터: 1.5만~2만km마다 교체

실내로 유입되는 공기를 청결하게 유지하기 위한 필터로, 일반 차량과 기능과 교체 주기에는 차이가 없습니다. 제조사는 1.5만~2만km 주기로 교체하라고 안내하고 있지만, 대기환경에 따라 주기는 짧아질 수 있습니다. 수도권에서는 5천km만 되어도 필터가 심하게 오염된 경우를 본 적이 있으며, 개인적으로는 1만km마다 교체하고 있습니다.

1만km 탄 후의 에어컨 필터(왼쪽)와 새 필터(오른쪽)

자) 와이퍼, 워셔액 등: 필요할 때마다 교체 또는 보충

기타 소모품은 일반 차량과 마찬가지로 상태를 보면서 교체 또는 보충하면 됩니다. 와이퍼는 제대로 안 닦이고 줄이 가거나 소음이 날 때 교체해야 하고, 워셔액은 경고등이 들어오거나 잘 안 나오면 적절히 보충하면 됩니다. 참고로 일부 차량은 워셔액 부족 경고등이 들어오지 않으므로 유의해야 합니다.

전기자동차에도 12V 배터리가 있는 이유

전기자동차는 고용량 배터리로 주행할 수 있으므로 별도의 배터리는 필요가 없다고 생각할 수 있지만, 일반 차량과 마찬가지로 작은 용량의 12V 배터리를 추가로 탑재하고 있습니다. 자칫 방전될 수도 있는데 왜 굳이 있는 것일까 궁금해하실 수 있는데, 이것은 설계 개념의 문제로 보시면 됩니다.

인기 질문 18 전기자동차는 전용 타이어만 써야 하나요?

타이어의 특성은 자동차의 연비, 주행 성능, 승차감 등에 영향을 많이 미칩니다. 그래서 전기자동차에 채택되는 타이어는 일반 차량과 다른 부분에 초점을 맞추고 있는데, 크게 소음 최소화, 내구성 강화, 연비 향상 등을 목표로 합니다.

소음 최소화는 전기모터가 내연기관보다 소음이 적은 점을 고려합니다. 처음 타보면 마치 시동이 꺼진 채로 차가 움직이는 듯한 인상을 받는데, 고속으로 주행할수록 도로에서 올라오는 소음이 더 귀에 잘 들립니다. 그래서 일반 타이어보다는 소음이 적게 발생하도록 설계하는 편입니다.

한편, 전기자동차는 많은 양의 배터리를 탑재하기 때문에 동급의 내연기관 차량보다 중량이 몇백 kg 더 나가고, 그만큼 타이어에 걸리는 하중이 커집니다. 그래서 이것을 잘 버티도록 타이어의 재질에 신경 씁니다.

그리고 적은 양의 에너지로 충분한 1회 충전 주행거리를 얻기 위해 효율, 즉 연비에도 신경을 씁니다. 주요 차종의 순정 타이어와 전기자동차 전용으로 설계된 타이어를 보면 다음과 같습니다.

차종	타이어	규격	구름 저항	젖은 노면 제동력
코나 일렉트릭	넥센 N'priz AH8	215/55R17	3	2
아이오닉 일렉트릭	미쉐린 에너지세이버 A/S	205/60R16	2	4
니로 EV	미쉐린 프라이머시 MXV4	215/55R17	4	4
쏘울 부스터 EV	넥센 N'priz AH5	215/55R17	4	4
볼트EV	미쉐린 에너지세이버 A/S	215/50R17	2	4
SM3 ZE	금호타이어 WATTRUN	205/55R16	2	3
(전용 타이어)	한국타이어 키너지 AS EV	–	3	2

구름 저항(Rolling Resistance): 도로와의 마찰로 발생하는 손실
젖은 노면 제동력(Wet Grip): 젖어 있는 도로에서 빨리 멈추는 능력
숫자가 작을수록 높은 등급(낮은 저항, 높은 제동력)

볼트EV에 탑재된 에너지세이버 A/S 타이어 옆에서 휴식 중인 고양이

모든 차량이 그렇지는 않지만, 구름 저항이 낮은 타이어를 채택하여 연비를 높이려는 경향이 있습니다. 전기자동차 전용 타이어라고 나오는 제품도 이 부분을 신경 쓰는 편입니다. 하지만 이런 특성의 여파로 접지력이 일반 차량보다 떨어진다거나, 빗길에 좀 더 미끄러지기 쉬웠다는 경험을 호소하는 분도 계십니다.

그렇다면 이런 점을 감수하고라도 전기자동차는 "전용 타이어"만 장착해야 하는지 물을 수 있는데, 꼭 그렇지는 않습니다. 타이어 규격만 잘 맞춘다면 본인이 선호하는 특성에 중점을 둔 타이어를 사용해도 됩니다. 승차감이나 접지력이 더 좋은 타이어로 바꾸시는 분들이 종종 계십니다. 실제로 일부 차종이나 제조사들은 전기모터의 우수한 가속 특성을 잘 활용할 수 있도록 고성능 주행용 타이어를 채택하기도 합니다.

물론 연비 우선, 저소음 타이어가 기본으로 장착된 차종이라면 타이어 교체 후 주행거리가 떨어지거나 고속 주행에서 소음이 커질 수 있다는 것을 유의해야 합니다. 다른 사람의 경험이나 사용기를 미리 참고하면 도움이 됩니다.

볼트EV에 탑재된 12V 50Ah 배터리

고압 배터리는 주행 동력 제공에 초점이 맞춰져 있고, 시동을 끄면 고전압 전원의 위험을 피하고자 물리적으로 단자가 분리됩니다. 필요할 때만 물리고 아닐 땐 떼어놓는다는 것입니다. 그러기 위해 최소한 단자의 접속과 분리를 수행하는 동력이 필요한데, 별도의 전원에서 받아야 합니다.

이와는 별개로, 400V 정도의 전압에서 12V 전압으로 작동하는 전자장치들(이른바 "전장")을 구동시키기 위해 항상 컨버터(참고: 인버터는 직류에서 교류를 만들어내는 장치)를 거치는 것도 비효율적인 면이 있습니다. 컨버터 작동 원리에 따라, 부하가 작으면 효율이 크게 떨어지고 최대부하 부근에서 효율이 제일 높습니다. 그렇다면, 12V 전원을 공급하는 별도 배터리를 필요할 때 최대부하로 충전해서 에너지를 보관해놓고, 실제로 필요할 때 꺼내 쓰는 것이 효율적입니다.

그럼 왜 하필 전장이 12V인지 궁금할 수 있습니다. 가장 쉬운 답은, 일반 차량이 그동안 12V 배터리(대형차 일부는 24V)를 대부분 사용함에 따라 여기에 맞게 부품이 설계되어왔기 때문입니다. 그렇다고 전기자동차용으로 400V급 부품을 설계하는 것도 문제가 됩니다. 일반적인 전자제품들이 원래 내부적으로 3~12V 정도로 작동한다는 점을 고려하면 전압이 너무 높기 때문입니다. 업계에서도 전자기기 등을 "약전"이라고 부르고 송전탑과 같은 고압 설비를 "강전"이라 하여 구분합니다.

결국 전기자동차에는 저전압과 고전압이 공존하고 있을 수밖에 없으며, 각각을 담당하는 배터리를 따로 넣어서 쓰는 것이 여러모로 효율적이라고 차량 설계자들이 결론 내린 셈입니다. 물론 마음먹는다면 항상 고전압 배터리를 연결해놓고, 필요할 때 저전압으로 변환시켜가면서 쓰는 게 불가능한 것은 아닙니다. 극히 일부의 전기자동차들은 실제로 이렇게 하고 있습니다. 하지만 대세가 아닌 것은 그 나름의 이유가 있는 것입니다.

차량에서 전기 뽑아 쓰기

전기자동차의 주행용 고압 배터리는 상당히 많은 양의 전기 에너지를 담고 있습니다. 대한민국의 가구당 월평균 전기 사용량은 230.09kWh(2020년 5~12월 평균, 한국전력 통계 기준)이므로 코나 일렉트릭의 64kWh 배터리는 일반 가정이 1주일 넘게 쓸 수 있는 전기를 공급할 수 있습니다.

64kWh ÷ (230.09kWh ÷ 30일) = 8.34일

그래서 다른 기기를 작동시키기 위한 용도로도 활용하기에 매력적입니다. 그동안 출시된 전기자동차는 극히 일부를 제외하고 고압 배터리의 전기를 오로지 주행 목적으로만 쓰도록 설계되었지만, 최근 들어 다른 용도로 쓰는 방안이 늘어나는 추세입니다. 자동차와 외부가 전기를 주고받는 것에 관련된 기술을 살펴보겠습니다.

가) V1G

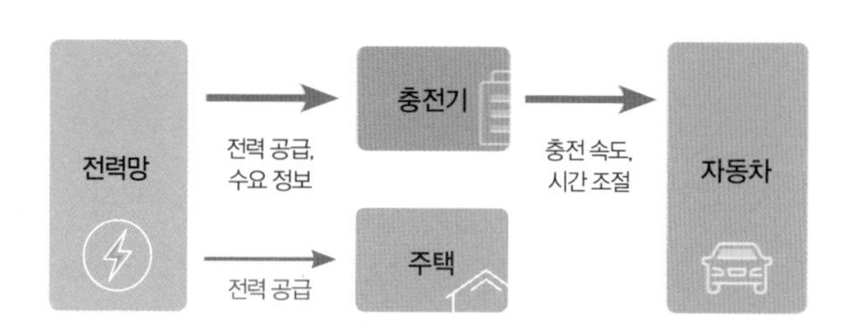

시시각각으로 변하는 전력망의 공급과 수요를 탄력적으로 대처하는 방법의 하나로, 많은 양의 전기를 필요로 하는 전기자동차 충전을 활용하는 기술이 탄생했습니다. 그중 하나가 V1G인데, 단방향 충전 관리 또는 스마트 충전기술로도 불립니다.

이름에서 볼 수 있듯, 흐름이 단방향으로 일어나기 때문에 자동차가 전력망으로 전기를 공급하지는 못합니다. 대신에 신재생 자원의 발전량이 늘어나는 시간에는 여유분을 전기자동차 충전에 이용하고, 전기의 수요가 많을 때는 충전 속도를 늦추거나 멈출 수 있습니

다. 자동차가 따로 기술을 지원하지 않아도 된다는 것이 장점입니다.

나) V2G

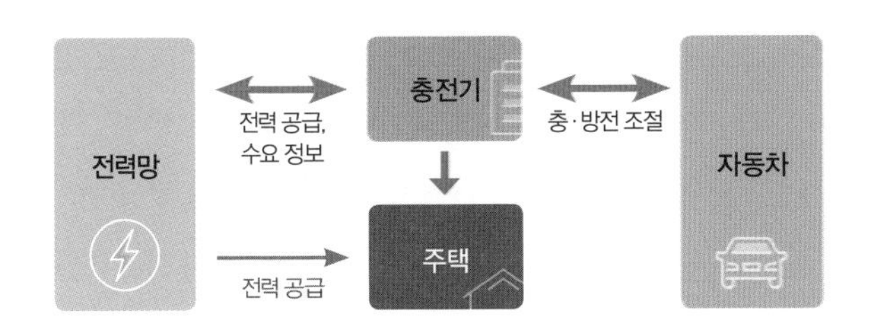

V1G에서 전기의 흐름을 양방향으로 확장하면 V2G(Vehicle-to-Grid)가 됩니다. 전기자동차 역송전 기술로도 불리는 것답게, 전력망에 수요가 늘어나면 자동차가 발전기처럼 전기를 전력망으로 공급하고 소유주는 이에 대해 보상받습니다. 공급과 보상 조건은 전력 사업자와 소유주 간 계약으로 정합니다. 구성하기에 따라서는 자동차에 연결된 충전기를 통해 주택에서 필요로 하는 전기를 일부 충당할 수도 있습니다.

다) V2H, V2L

전력망과 연결하거나 소통하지 않은 상태로 자동차에 충전된 전기를 외부로 제공하는 기술도 있습니다. 정전과 같은 상황에 대비하여 주택에 전기를 공급하는 기능은 V2H(Vehicle to Home), 사용자가 원하는 가전제품이나 전자기기를 직접 꽂고 쓰면 V2L(Vehicle to Load)로 불립니다.

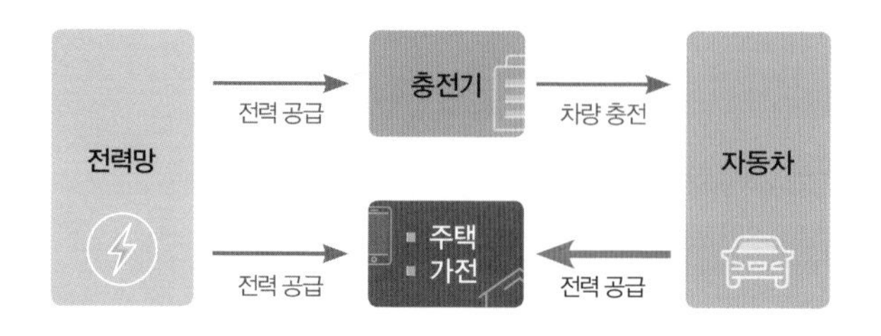

전력망 운영과 관련된 기관이나 사업자는 전기자동차를 유용한 자원으로 활용할 수 있는 V1G와 V2G에 관심을 많이 가지고 있습니다. 반면에 일반 소비자는 본인이 직접 전기를 쓸 수 있는 V2H와 V2L에 눈길을 더 주고 있습니다. 일본에서는 지진과 같은 자연재해에 대비하여 닛산 리프에 V2H 기술을 도입하기도 했으며, 한국에서는 캠핑과 차박이 인기를 얻으면서 현대 아이오닉5 등에 V2L 기술이 탑재되었습니다.

V2L 기능이 어떻게 구현되는지 알아보기 위해 자동차 내부의 전기 흐름을 살펴봅시다. 교류(AC) 전원을 사용하는 완속 충전기는 차

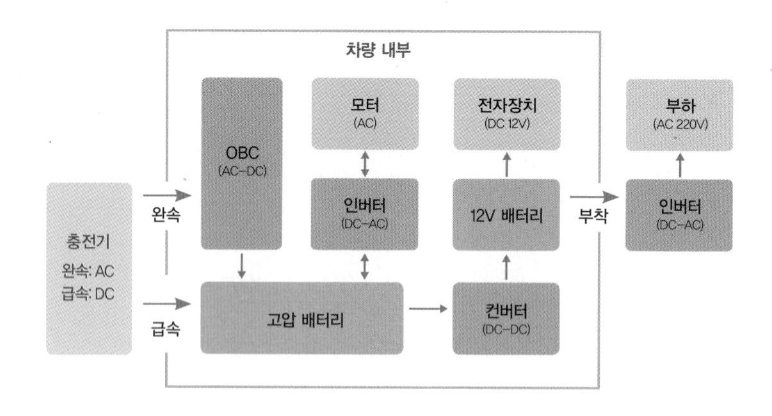

량 내부의 OBC(On Board Charger, 내부 충전 제어장치)를 통해 직류(DC)로 고압 배터리를 충전하고, 직류 전원을 쓰는 급속 충전기는 OBC의 변환 없이 바로 충전합니다. 고압 배터리는 인버터를 통해 모터를 구동하고 컨버터를 통해 12V 배터리를 충전합니다. 12V 배터리는 차량에 탑재된 전자장치에 전원을 공급합니다.

여기에서 사용자가 비교적 안전하게 직접 접근할 수 있는 부분은 12V 배터리입니다. V2L 기술이 없는 기존 차량에서 전기를 뽑아 쓰려면, 여기에 별도의 인버터를 부착하여 직류 12V를 교류 220V로 바꾸는 것이 일반적입니다. 12V 배터리의 방전 없이 인버터를 쓰려면, 시동을 걸어 컨버터가 작동하고 있고 컨버터의 출력 한계 이내(1.5kW 안팎)로 써야 합니다.

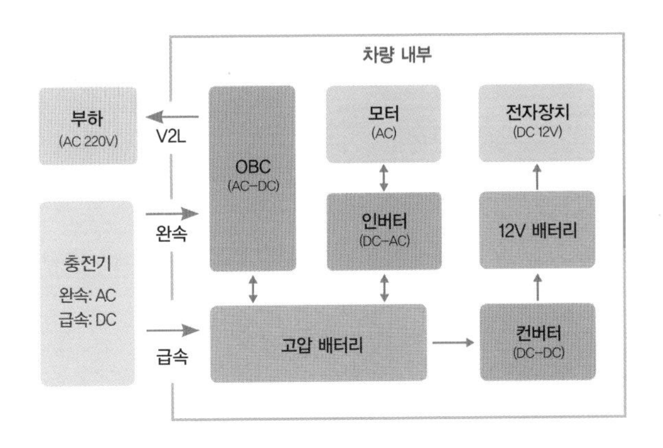

차량이 V2L 기능을 제공한다면 구조가 간단해집니다. 컨버터와 12V 배터리를 거칠 필요 없이, 단방향으로 작동하던 OBC를 양방향으로 작동하도록 만들면 되기 때문입니다. 이렇게 하면 완속 충전기가 쓰는 것과 같은 교류 220V 전원이 충전구를 통해 나올 수 있으며, 컨버터를 거칠 때보다 높은 출력을 지원하기 쉬워집니다. 실제로 아이오닉5는 3.5kW까지 지원합니다.

높은 출력 외에도, 기본 탑재 V2L의 장점은 더 있습니다. 시동을 끈 상태에서도 고압 배터리에서 직접 전기를 끌어와서 쓰게 되므로 12V 배터리 방전을 걱정하지 않아도 됩니다. 그리고 고압 배터리의 충전 잔량을 고려하여 작동하기 때문에 고압 배터리 또한 방전의 위험이 거의 없습니다. 만약 V2L 기능을 많이 사용할 예정인 사용자라면 이런 차이를 숙지할 필요가 있습니다.

블랙박스 설치하기

차량 운행 영상 기록장치, 일명 블랙박스 또는 대시캠(dashcam)은 주행이나 주차 중 주변 상황을 기록하여 사고가 발생했을 때 책임을 가리는 귀중한 증거자료를 남깁니다. 그래서 카메라 모듈과 메모리 카드가 소형화되고 저렴해진 2010년대 이후부터 널리 보급되기 시작했으며, 사고 처리에 도움이 되기 때문에 자동차 보험료 할인 혜택을 받을 수 있습니다.

블랙박스의 인기를 인지하고 일부 제조사들은 차량에 빌트인캠(built-in camera) 형태로 내장시키기도 합니다. 테슬라는 자율주행에 사용하는 카메라를 녹화에 쓸 수 있게 설정할 수 있는데, 주행 중에는 대시캠 모드, 주차 중에는 센트리 모드로 불립니다. 그러나 아직

볼트EV에 설치한 블랙박스

운전자 대다수는 별도의 블랙박스를 구매해서 차량의 앞과 뒷유리창에 부착하여 사용합니다.

설치는 일반 차량이나 전기자동차나 차이가 없습니다. 원하는 위치에 카메라를 달고난 뒤, 차량의 내장 전자장치가 쓰는 12V 전원에 연결하면 됩니다. 시동이 걸렸을 때만 공급되는 선(ACC)과 접지선(GND)만 연결하면 주행 중에만 녹화가 되고, 시동이 꺼져도 전기가 들어오는 선(BAT)까지 연결하면 주차 중에도 녹화(이른바 상시 녹화)가 가능해집니다.

사용 중 문제가 가장 많이 발생할 여지가 있는 것은 상시 녹화 기능입니다. 앞서 V2L 설명에서 보았듯이 주행용 배터리가 아니라 12V 배터리에 저장된 전기를 써야 하는데, 전기자동차에 탑재되는 것은 용량이 작은 편입니다.

차종	12V 배터리 용량(Ah)					
	40	45	50	60	70	80
스파크, 모닝						
아이오닉 일렉트릭						
니로EV						
코나 일렉트릭, 볼트EV						
코나(내연기관)						
아반떼(2013~)						
쏘나타						

차종별로 비교해보면 경차에 들어가는 것과 비슷합니다. 그래서 상시 녹화 시간이 비교적 짧고, 자칫하면 12V 배터리가 방전될 가능성이 상대적으로 높습니다. 시동 꺼진 상태에서 12V 전압이 낮은 것을 감지하면 주행용 배터리를 사용하여 보충하는 기능(배터리 세이버)이 있기도 하나, 완벽하지 않아서 배터리 방전 사례가 종종 보고됩니다. 그러므로 상시 녹화 기능은 사용에 신중해야 합니다.

이러한 문제점을 보완하기 위해 12V 배터리 용량을 큰 것으로 교체하거나, 배터리의 종류를 바꾸거나(AGM이나 리튬인산철 계열), 블랙박스용 별도 외장 배터리를 설치하는 수도 있습니다. 그런데 이런 방법 또한 각각의 장단점이 있으므로 여러 사례를 참고하여 본인이 시공 여부를 판단해야 합니다.

④ 내비게이션 설치하기

차종에 따라서는 제조사에서 기본 내비게이션 소프트웨어를 제공하지만, 이것이 마음에 들지 않거나 처음부터 제공되지 않는 경우 별도의 해법을 찾아야 합니다. 이때 선택하는 방법이 여러 가지가 있습니다.

가) GPS 기능을 쓰는 블랙박스

만약 내비게이션 사용 목적이 경로 탐색보다 안전 주행 위주라면 고려해볼 만한 방법입니다. GPS는 주행 속도와 위치를 파악할 수 있으므로, 단속카메라의 위치 정보를 내장하고 있는 블랙박스는 차량이 단속구간에 가까워질 때 주행 속도에 따른 경고를 제공합니다.

내비게이션 기능 중에 안전 주행 부분만 구현하는 것이므로 블랙박스가 길 안내까지 해주는 것은 아닙니다.

볼트EV의 인포테인먼트 화면(오른쪽)에 티맵을 실행한 모습

나) 스마트폰 내비게이션 애플리케이션

거치대에 스마트폰을 올려놓고 내비게이션을 실행시켜보는 방법도 있지만, 차량 중앙의 인포테인먼트 화면에 지도를 보여주는 방법도 많이 사용되고 있습니다. 최근 출시되는 차량 중 상당수는 스마트폰과 차량 탑재 화면을 연동시키는 애플 카플레이(아이폰 계열) 또는 안드로이드 오토(삼성 갤럭시 등 안드로이드 OS 계열)를 지원하기 때문입니다.

해당 기능을 지원하는 내비게이션을 스마트폰에서 실행하면 중앙 화면에 지도가 표시되며, 마치 내장 내비게이션을 사용하는 것처럼 활용할 수 있습니다. 2021년 현재 지원 애플리케이션 목록은 다음과 같습니다.

내비게이션	애플 카플레이	안드로이드 오토
티맵(T map)	○	○
카카오내비	○	○
아이나비 에어	○	○
네이버 지도	○	○
원내비	○	×
구글 맵스	○	×

다) 매립 내비게이션

차량 내부에 내비게이션 시스템 하드웨어를 내장(매립)시킨 뒤, 영상 출력을 중앙 화면으로 하는 방법이 있습니다. 그러면 매번 스마트폰을 연결하지 않아도 되고 외부에 별도 공간을 차지하지도 않기 때문에 기본 내비게이션을 쓰는 것과 유사한 편의성을 제공합니다.

하지만 별도 시공이 필요하고 하드웨어도 일반 내비게이션보다 비싼 편이라서 선뜻 설치하기 힘들 수 있습니다. 그래서 최근에는 스마트폰 내비게이션처럼 USB 포트에 꽂으면 사용할 수 있는 막대 형태의 제품도 출시되고 있습니다.

효율적인 운전을 위해 알아야 할 것

회생제동의 원리와 단계 조절의 효과

전기자동차에 탑재된 전기모터는 동력을 만들어내는 전동기와 전기를 만들어내는 발전기의 역할을 모두 할 수 있도록 설계되어 있습니다. 주행하기 위해 전기 에너지를 보내면 운동에너지를 만들어내지만, 전기 에너지를 공급하지 않고 운동에너지가 전기 에너지를 만들어내도록 할 수도 있는 것입니다. 발전기 상태에서 운동에너지가 전기 에너지로 회수(회생)되면 그만큼 회전이 느려지므로 브레이크를 밟는(제동) 것처럼 차가 속도를 잃게 됩니다. 이것이 회생제동의 원리입니다.

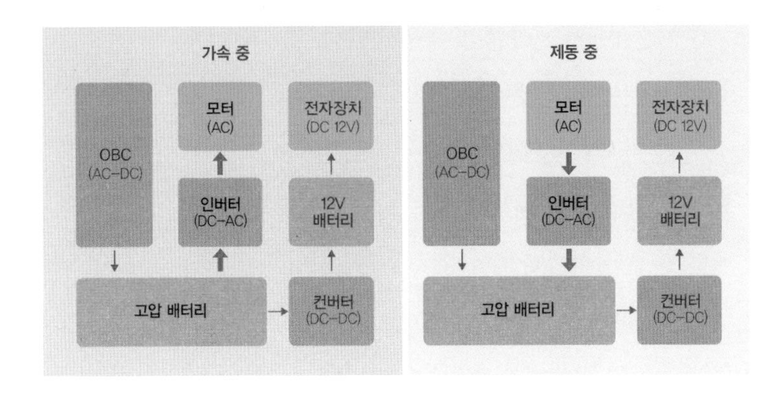

물리적인 브레이크를 쓰면 운동에너지가 모두 마찰열로 변하면서 100% 손실되지만, 회생제동을 쓰면 변환 및 충전 손실을 고려하더라도 70% 정도는 전기 에너지로 돌아가게 되어 나중에 다시 쓸 수 있게 됩니다.

이러한 에너지 재활용 덕분에 전기자동차의 주행가능 거리는 회생제동을 사용하지 않을 때보다 30%가량 향상되는 것으로 알려져 있습니다. 개인의 주행 스타일이나 운전 여건에 따라 실제 수준은 달라집니다. 회생제동도 손실이 있으므로 원칙적으로는 꼭 제동해야 할 때만 활용하는 것이 연비 향상의 지름길입니다.

회생제동을 통해 발전되는 전기는 인버터를 통해 고압 배터리에 충전되어 나중에 다시 쓸 수 있게 됩니다. 제동력이 클수록 더 많은 전기가 전달되어 순간적으로 급속 충전을 하는 것과 같을 때도 있습니다. 그래서 급속 충전 속도에 제약을 주는 환경, 즉 극단적인 온도나 100%에 가까운 충전 잔량에서 회생제동이 약해지거나 작동하지 않을 수도 있습니다. 항상 효율적으로 회생제동을 하려면 배터리를

90~95%까지만 충전하는 것이 좋습니다.

전기자동차에서 회생제동을 작동시키는 방법은 크게 두 가지입니다. 하나는 가속페달의 밟는 정도로 조절하는 것입니다. 많이 밟으면 가속, 덜 밟으면 감속(제동)한다는 개념으로 모터를 제어하는데, 페달을 떼면 뗄수록 회생제동이 강하게 걸립니다. 다른 하나는 조향 핸들에 달린 회생제동 버튼(또는 패들)을 계속 누르는 것입니다. 이렇게 하면 최대 강도의 회생제동이 이루어집니다. 일부 차량은 이 버튼이 없을 수도 있습니다.

가속페달을 떼었을 때 가해지는 회생제동의 강도는 조절하는 스타일은 회사마다 다릅니다. 현대·기아자동차에서 출시된 차량은 회생제동 패들을 조작하여 0~3단계 사이로 조정할 수 있고 다른 회사는 회생제동이 강조되는 모드(L 또는 B 모드)와 일반 차량과 유사한 느낌을 주는 모드(D 모드)에서 선택할 수 있기도 합니다.

처음 전기자동차를 운전하시는 분은 가속페달을 떼면 회생제동이 시작된다는 개념에 대부분 익숙하지 않습니다. 그래서 평소처럼 가속페달을 그냥 떼면서 필요 이상으로 회생제동을 발생시키는 사례가 빈번합니다. 이것이 이른바 울렁거림, 울컥거림의 원인이며, 이 현상을 피하고자 회생제동을 꺼리는 경우까지 있습니다. 페달 사용의 차이에 익숙해지면서 차분히 적응하는 것이 전기자동차를 효율적으로 운행하는 데 도움이 됩니다.

여전히 기존의 운전 스타일을 고수하겠다면 회생제동 강도를 낮추는 것이 연비 관리에 유리할 수도 있습니다. 하지만 가속페달 조작을 통한 회생제동 요령을 원만히 터득할 수 있다면 브레이크 사용을 최소화하면서 연비 향상을 꾀할 수 있습니다.

전기자동차의 시내 주행 연비가 더 좋은 이유

내연기관 차량과 전기자동차 모두 정속주행을 하면 고속도로 주행 속도에서의 연비가 시내 주행 속도에서보다 더 떨어집니다. 이는 공기저항의 증가와 동력기관 효율의 감소라는 명확한 물리학적 현상에서 기인합니다.

그런데 실제로 운행해보면, 고속도로 주행은 정체 현상이 없는 이상 정속에 가깝게 유지되기가 쉬운 편이지만 시내 도로 주행은 제동이 빈번하게 발생하면서 차량이 지니고 있던 운동에너지가 다른 형태로 변환되어야 합니다. 전기자동차는 이러한 상황이 일어날 때마다 회생제동을 통해 운동에너지를 전기에너지로 상당 부분 회수하지만, 내연기관 차량은 브레이크를 통해 마찰열로 모두 바꿔버리게 되므로 다시는 쓸 수 없게 됩니다.

그리고 시내 주행 중 교통 체증이나 신호 대기 때문에 정차해 있는 시간도 고려해야 합니다. 전기자동차는 공회전하지 않으므로 정차 중에 에너지 소모가 거의 없어서 1시간 동안 정차해도 1~2km 정도 갈 에너지(200Wh 정도)만 소모됩니다. 반면에 내연기관 차량은 공회전으로 인해 낭비가 심합니다. 환경부 발표에 따르면 10분 공회전을 했을 때 1.6km 갈 연료(138cc)가 소비된다고 하므로 전기자동차의

5~10배입니다.

그 결과 내연기관 차량의 시내 주행 효율이 매우 안 좋으며, 상대적으로 고속도로 주행 연비가 좋아 보이게 되는 것입니다. 하지만 전기자동차는 다른 손실을 거의 배제하게 되므로 저속주행의 유리한 점이 그대로 드러나게 됩니다. 결론적으로 시내 주행 속도가 최적입니다.

참고로, 내연기관 차량에 전기 모터를 추가하여 전기적으로 동력을 보조하고 회생제동도 가능하게 하는 등 주행 효율을 높인 하이브리드도 제동에 의한 운동에너지 손실을 어느 정도 줄일 수 있어서 시내 주행 연비가 고속 주행 때보다 높은 편입니다. 현대자동차 아반떼 1.6리터 가솔린 17인치를 예로 들면, 일반 모델은 시내 13.1km/L, 고속 16.6km/L이지만 하이브리드는 시내 20.3km/L, 고속 18.6km/L로 인증되어 있습니다.

공조 장치가 연비에 미치는 영향

공조 장치를 작동시키면 그만큼 주행용 배터리에 저장된 에너지를 소비합니다. 차량 및 가동 환경에 따라 정도는 차이가 있지만, 소비 전력을 일반화하면 다음과 같습니다. 최대 수치는 온도를 빠르게 낮추거나 높일 때 볼 수 있고, 어느 정도 온도가 안정화되면 소비 전력은 낮아집니다. 히트펌프가 있어도 PTC 히터 강도를 낮출 수 있어 난방 소비 전력이 줄어듭니다.

- 에어컨: 1~2kW
- PTC 히터: 4~8kW

시내 및 고속 주행을 복합적으로 고려할 때, 주행 중 평균적으로 동력장치가 소모하는 전력은 10kW 안팎입니다. 공조 장치 사용은 이 소비량에 더해지므로 연비(전비)가 떨어지는 결과로 이어집니다. 예를 들어 70km를 가기 위해 10kW 소모할 것이 히터 때문에 14kW로 늘어났다면 연비가 7km/kWh에서 5km/kWh로 떨어지게 됩니다. 이런 점을 고려해서 주행가능 거리에 다음과 같이 영향을 미치는 것으로 봅니다.

- 에어컨: 5~10% 하락
- PTC 히터: 20~40% 하락

만약 겨울철에 히터 사용을 최소화해서 연비 하락을 줄이면서도 덜 춥게 가고 싶다면 핸들이나 시트에 내장된 열선, 이른바 "손따"와 "엉따"를 켜는 것이 좋습니다. 기본 탑재가 되어 있지 않다면 별도로 구매할 수도 있는데, 전기자동차는 연비 유지를 위해 기본으로 탑재된 경우가 많습니다. 시트나 핸들당 소비량은 40W 안팎, 즉 PTC 히터의 1/100 수준이므로 부담 없이 사용할 수 있습니다.

한편, 주행 모터 출력에는 사실상 영향이 없습니다. 모터와 에어컨 둘 다 전기적으로 작동시키므로 배터리에서 전력 공급만 원활하면 서로 문제 될 것이 없습니다. 모터는 최대한 밟았을 때 100~150kW까지 끌어 쓰지만, 공조 장치는 1~8kW 정도 소비하여 상대적으로 미미합니다. 잘해도 최대 가속도에서 약간 손해 보는 수준에 그칩니다.

차박 하면서 공조 장치를 쓰게 되면 나중에 주행용으로 쓸 에너지를 대신 소비하는 셈인데, 제법 오래 갑니다. 에어컨을 최대한 가동해 2kW 소모한다고 가정하고 8시간 동안 돌렸다면 2kW × 8h = 16kWh가 됩니다. 차량에 배터리가 64kWh 정도 탑재되어 있다면(코나, 니로 등) 전체의 4분의 1을 쓰는 수준입니다. 그런데 앞서 언급했듯이 연속 가동을 하는 중에는 평균 소비 전력이 낮아지게 되므로 실제로는 덜 쓸 가능성이 큽니다.

외부 요소가 연비에 미치는 영향

전기자동차는 내연기관 차량보다 극히 적은 양의 에너지를 매우 효율적으로 사용하여 움직입니다. 휘발유 1리터에는 8.9kWh의 에너지가 있으므로, 64kWh 배터리를 탑재한 코나는 휘발유 7리터에 들어간 에너지로 400km 이상을 달리는 셈입니다. 그래서 효율을 떨어뜨리는 요인의 영향이 크게 확대되는 경향이 있습니다. 이 중에 외부 온도와 눈·비가 체감하기 쉽습니다.

가) 외부 온도

제가 볼트EV를 2019년 2월부터 2020년 1월까지 고속도로 주행

인기 질문 19 충전 중에 공조 장치를 쓰면 어떤가요?

만약 충전 중에 에어컨이나 히터 같은 공조 장치를 사용하게 되면, 차량은 충전 전력의 일부를 공조 용도로 활용합니다. 배터리로 가는 에너지가 줄어든다면 차량을 완전히 충전하는 데 필요한 시간은 당연히 더 늘어납니다.

추가 비용은 공조가 얼마나 전력을 소모하느냐에 달렸습니다. 예를 들어 히터가 6kW 강도로 가동되고 있다면, 40분 동안 4kWh를 소비합니다.

$$6kW \times 40/60h = 4kWh$$

그러면 292.9원/kWh의 충전단가가 적용된다고 가정했을 때 다음의 추가비용이 발생합니다.

$$4kWh \times 292.9원/kWh = 약\ 1,172원$$

물론 차량 설계에 따라서 1천 원만큼 배터리가 덜 충전될 수도 있고, 충전 속도를 유지하면서 1천 원어치 더 뽑아오는 것일 수도 있습니다.

36회, 국도 주행 72회를 기록한 자료로 연비와 기온의 상관관계를 파악한 결과가 다음과 같습니다. 실생활 주행데이터를 사용해서 편차가 다소 있으나, 동등하게 비교할 수 있도록 최대한 변수를 통제했습니다.

평균 구간속도는 고속도로 79.25km/h, 국도 50.41km/h로 계산되었습니다. 고속도로와 국도 모두 규정 속도에 못 미치는 이유는 시내 주행 구간에서(전체의 25% 이내) 신호 대기 등의 지연이 발생했기 때문입니다. 자료로 사용된 주행 구간은 비슷한 것끼리만 묶었으므로 비교를 하면서 발생할 수 있는 오차를 최소화했습니다.

공조 장치를 거의 쓰지 않는 조건으로 주행했지만 겨울철이 여름

외부 기온이 변함에 따라 달라지는 연비의 모습

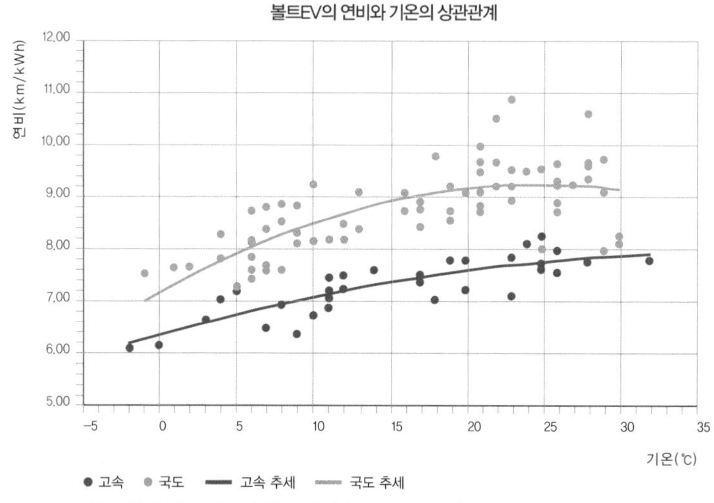

히터는 사용하지 않았으며, 에어컨은 최소한도(배터리 사용량 1% 미만)로 가동
주행 스타일은 최대한 비슷하게, 규정 속도 정속주행 위주로 유지
교통 체증에 의한 연비 영향을 최소화하기 위해 평균 구간속도가 낮은 자료는 제외

철보다, 그리고 고속도로 주행이 국도 주행보다 연비가 1~1.5km/kWh, 즉 15~20% 정도 떨어진다는 것이 드러납니다. 일반 차량에서도 연비 하락이 발생하지만, 전기자동차에서 특히 두드러진다고 할 수 있습니다. 그리고 히터나 에어컨을 본격적으로 사용한다면 여기서 추가로 연비가 떨어집니다. 극단적인 온도 환경에서 전기자동차를 타는 데는 준비가 더 많이 필요한 셈입니다.

나) 비(강우)

차를 몰아보면 비가 많이 내리는 날에 주행하는 일도 종종 생깁니다. 이런 상황에서 연비가 어느 정도 떨어지기 마련인데, 그동안 측정해본 결과 10% 안팎 하락하는 것을 확인할 수 있었습니다. 그런데 폭우 속을 뚫고 운전할 때 그보다 심한 경험을 했습니다.

2020년 장마철에 편도 약 200km가 되는 장거리를 반복적으로 다녀와야 하는 일이 있었습니다. 이 중 고속도로 주행은 82%가 넘게 차지하여 그야말로 고속 위주 주행이었습니다. 고속도로를 달릴 때 계기판 기준으로 100km/h(내비 95)로 정속 주행을 했고, 주행시간 기준으로 계산한 평균속도도 80km/h 가까이 되었습니다. 주행 패턴은 최대한 일정하게 하려고 했으며, 공조는 최소한으로 유지했습니다.

주행 회차	상행1	상행2	하행1	하행2
강우 상태	폭우	흐림	비 약간	흐림, 비 약간
도로 상태	매우 젖음	마름	매우 젖음	마름
주행 거리(km)	202.1	201.8	210.9	202.0
소모 전력(kWh)	31.1	24.6	31.6	23.6
연비(km/kWh)	6.50	8.20	6.67	8.56
연비 변화(%)	-20.7		-22.1	

처음에는 비가 차체에 부딪치는 것이 큰 저항을 일으킨다고 생각했으나, 도로가 얼마나 심하게 젖어 있는지도 무시할 수 없는 변수로 작용했습니다. 올라갈 때 폭우가 내리던 날, 돌아오던 길에는 비가 어느 정도 소강상태로 접어들고 있었습니다. 그렇지만 직전에 내려 바닥에 고인 빗물이 여전히 바퀴에 큰 구름저항을 유발시켜 상·하행 모두 연비가 낮았습니다.

며칠 뒤 같은 구간을 달릴 때는 몹시 흐린 상태여서 온도가 별로 오르지 않았고(22도 vs. 24도) 비도 거의 내리지 않았습니다. 돌아올 때 비로소 약간 뿌리기는 했으나 도로는 전반적으로 말라 있었습니다. 그 결과 연비가 상당히 좋았고, 실제로 중간 충전 없이 여유 있게 왕복했습니다. 비 오던 날 중간에 20분 정도 휴게소 들러 충전하고도 집에 오기까지 간당간당했던 것과 대조적이었습니다.

두 사례를 비교해보면, 폭우의 연비 영향은 약 20%인 것으로 나타났습니다. 쉽게 말해서, 여름철에 히터를 쓰지 않고도 한겨울 주행연비를 경험하는 것과 비슷했습니다. 덧붙여, 상행과 하행에서 나타나는 연비의 하락 수준이 비슷한 것으로 보아 하행에서 연비가 다소 높게 나온 것은 도로의 특성으로 추정됩니다. 비가 많이 오는 날은 연비가 안 좋을 것이라는 사실을 예상하고 운전해야 충전량 부족으로 인한 낭패를 피할 수 있습니다.

ELECTRIC CAR

5장

전기자동차의 이모저모 살펴보기

"에너지 수도" 나주에서 엿보는 전기자동차 보급

목격한 차량의 수

수도권 밖에서 전기자동차에 적극적인 지방자치단체가 몇 군데 있습니다. 제주특별자치도는 스마트그리드, 탄소중립 정책 덕분에 2009년부터 신재생에너지와 전기자동차 도입에 적극적이었습니다. 대구광역시는 분지 지형과 인구 밀집에서 오는 열섬 현상과 매연 집중 문제를 해소하려는 방안 중 하나로 전기자동차 보급을 택했고, 에코 랠리와 같은 행사도 개최해왔습니다.

그리고 이들만큼 잘 알려지지 않았지만, 전라남도의 천년 고도(古都) 나주도 인구 대비 보조금 지원 대수를 높게 책정하며 전기자동차 보급에 관심을 보이고 있습니다. 이 배경에는 전기 관련 주요 공공기관(한국전력, 전력거래소, 한전KDN, 한전KPS)이 2014년 혁신도시로 이전해온 것과 관련이 있습니다.

덕분에 혁신도시에 살면 매일 전기자동차와 쉽게 마주칩니다. 얼마나 다양한 차량이 다니고 있는지 궁금해진 나머지 2018년부터 매일 산책할 때마다 차량을 눈여겨보는 취미가 생겼습니다. 지금까지 목격한 수는 버스를 제외하고 1,168대에 이르는데, 차종별로 정리하면 다음과 같습니다.

차종	대수	차종	대수	차종	대수
코나	402	아이오닉5	6	e-208	2
아이오닉	161	트위지	6	타이칸	2
니로	138	i3	6	테슬라 모델Y	1
볼트	114	리프	6	EQA	1
SM3 ZE	81	e-tron	4	스파크	1
넥쏘	61	쎄보C	4	블루온	1
테슬라 모델3	61	테슬라 모델S	4	투싼	1
쏘울	51	테슬라 모델X	3	조에	1
포터	26	레이	2	EV Z	1
봉고	16	D2	2	i-Pace	1
		EQC	2	합계	1,168

인기 순위를 보면 전국적인 추세와 비슷하기도 하고 다르기도 합니다. 코나와 아이오닉이 가장 눈에 띄는 차종이라는 것은 같으나, 나주가 2020년까지 고속 승용차 보급에 집중한 결과 화물차나 수소차의 비율이 전국에 비해 낮은 편입니다. 테슬라 차량은 모델3 중심으로

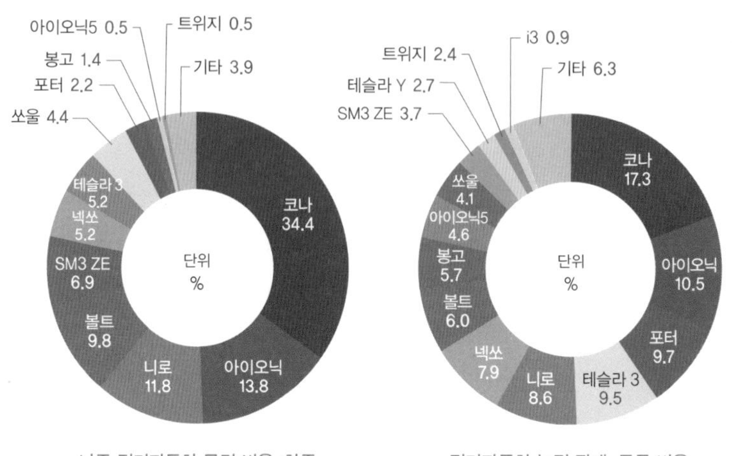

나주 전기자동차 목격 비율·차종

전기자동차 누적 판매·등록 비율

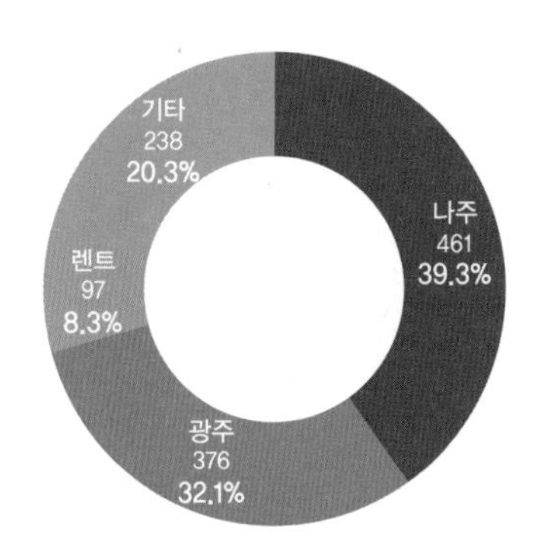

나주 전기자동차 목격 비율·지역

거리에 많이 등장하기 시작했지만, 아직 순위가 많이 올라가지 못했습니다.

아이오닉 다음으로 인기 있는 고속 승용차를 보면 나주에서 SM3 ZE를 쏘울보다 쉽게 발견한 점이 눈에 띕니다. 이것은 공무용 차량으로 초창기에 많이 보급된 것이 영향을 미친 것으로 보입니다. 그리고 전국적으로 2021년 출시된 아이오닉5와 테슬라 모델Y 보급이 늘고 있지만, 나주시는 당해 보조금이 조기 소진되어 아직 큰 두각을 못 내고 있습니다.

등록 지역을 기준으로 살펴보면, 약 39%가 나주, 32%가 광주로 대다수를 차지합니다. 외부 방문 차량도 많기는 하지만 지역 내 보급이 활발하므로 자주 보게 된다는 것으로 풀이됩니다. 목격한 나주 차량은 전체 등록 수의 약 절반입니다.

목격한 차량의 모습

앞서 목격한 차량의 종류를 보면 알 수 있지만, 판매량이 극히 적거나 아직 팔리기 시작한지 얼마 안 된 일부를 제외하고 거의 대부분을 나주에서 직접 볼 수 있었습니다. 국내 도로를 달리고 있는 다양한 종류의 전기자동차를 한 번 감상해보시기 바랍니다.

(1) 고속 승용

현대 블루온 (2011~2012)

기아 레이EV (2012~2018)

르노삼성 SM3 ZE (2012~2017)

르노삼성 SM3 ZE (2018~2020)

쉐보레 스파크EV (2013~2017)

쉐보레 볼트EV (2017~2021)

쏘울EV (2014~2018)

쏘울 부스터EV (2019~2021)

닛산 리프 (2019~2020)

BMW i3 (2014~)

현대 아이오닉 일렉트릭 (2016~2018)

현대 아이오닉 일렉트릭 (2019~2020)

테슬라 모델S (2017~)

테슬라 모델X (2017~)

현대 코나 일렉트릭 (2018~2021)

기아 니로EV (2018~)

재규어 i-Pace (2019~)

테슬라 모델3 (2019~)

벤츠 EQC (2019~)

아우디 e-tron (2020~)

르노 조에 (2020~)

푸조 e-208 (2020~)

포르쉐 타이칸 (2020~)

쎄미시스코 SMART EV Z (2020~)

테슬라 모델Y (2021~)

벤츠 EQA (2021~)

현대 아이오닉5 (2021~)

(2) 초소형

르노삼성 트위지 (2016~)

쎄미시스코 D2 (2018~)

캠시스 CEVO-C (2019~)

(3) 화물

현대 포터II 일렉트릭 (2019~)

기아 봉고III EV (2020~)

쎄미시스코 D2P (2020~)

디피코 포트로 (2020~)

(4) 승합

에디슨 e-Fibird (2016~)

(5) 수소연료전지

현대 투싼ix FCEV (2016~2018)

현대 넥쏘 (2018~)

다른 곳에서 목격한 차량

몇몇 차량들은 아직 널리 출시가 되지 않았거나, 국내에 판매되고 있지 않아서 나주가 아닌 다른 곳에 방문했을 때 볼 수 있었습니다. 앞에서 보지 못한 것이 있다면 여기서 한 번 찾아보시기 바랍니다.

(1) 고속 승용

BYD e6 (2009~2020) [벨기에 브뤼셀]

닛산 리프 (2010~2017) [호주 뉴캐슬]

르노 조에 (2012~2018) [프랑스 파리]

푸조 e-2008 (2020~) [서울특별시]

DS3 E-Tense (2020~) [서울특별시]

제네시스 G80 (2021~) [광주광역시]

기아 EV6 (2021~) [광주광역시]

기아 EV6 GT-Line (2021~) [광주광역시]

(2) 초소형

대창모터스 다니고1 (2018~) [대구광역시]

KST일렉 마이브 M1 (2020~) [무안군]

(3) 화물

대창모터스 다니고3 (2019~) [서울특별시]　　대창모터스 다니고밴 (2021~) [서울특별시]

(4) 승합

현대 일렉시티 (2017~) [광주광역시]

(5) 수소연료전지

토요타 미라이 (2014~2019) [일본 나고야]

차종별 핵심 제원 종합 비교

일러두기

저온 비율 = 저온 주행거리 / 상온 주행거리 × 100%

저온비율은 저온 환경(-7℃)에서 주행할 수 있는 거리가 상온(20℃)에 비해서 얼마나 떨어지는지 보기 위한 지표입니다. 100%에 가까울수록 겨울철에도 평소와 큰 차이 없이 탈 수 있는데, 히트펌프가 탑재된 차량이 대체로 80%를 넘는 경향이 있습니다.

충전 손실 = (1 - 상온 연비 × 배터리 용량 / 상온 주행거리) × 100%

"자동차의 에너지소비효율 및 등급표시에 관한 규정" 별표 1에 따르면

에너지소비효율(km/kWh) = 1회충전 주행거리(km) / 차량주행시 소요된 전기에너지 충전량(kWh)

즉, 공식적으로 측정된 연비(km/kWh)는 충전기에서 공급한 에너지를 기준으

로 얼마나 주행했는지를 봅니다. 충전 중에는 불가피하게 변환에 따른 손실이 발생하는데, 주행거리를 배터리 용량으로 나눈 수치와 비교해보면 이 충전 손실이 어느 정도 발생하는지 알 수 있습니다. 대체로 10~20% 사이인데, 미국 환경보호국(EPA)도 손실을 10% 정도로 보고 있습니다. 손실률이 0%에 가깝게 나왔다면, 배터리 용량이 가용 용량(net)이 아닌 총용량(gross)으로 보고되었을 가능성이 있습니다.

급속 충전 = 최고 급속 충전 속도

지원 가능한 가장 빠른 급속 충전기에서 최적 온도와 잔량에서 낼 수 있는 급속 충전 속도를 나타냅니다. 수치가 높을수록 배터리 보호를 위해 적용 가능한 충전 구간이 좁아지므로 200kW 지원 차량이 100kW까지 가능한 것에 비해 급속 충전 시간이 반드시 절반으로 줄어드는 것은 아닙니다.

고속 승용

제조사	차종	주행거리		저온 비율	상온 연비	배터리 용량	충전 손실	급속 충전	세제 혜택
		상온	저온						
		km	km	%	km/kWh	kWh	%	kW	
현대자동차	제네시스 Electrified G80	433	411	94.9	4.3	87.2	13	180	○
	아이오닉5(LR 2WD프레)	405	354	87.4	4.9	72.6	12	225	○
	아이오닉5(LR 4WD프레)	370	344	93.0	4.5	72.6	12		
	아이오닉5(LR 2익스BIC)	423	345	81.6	5.1	72.6	12		
	아이오닉5(LR 2WD익스)	429	364	84.8	5.1	72.6	14		
	아이오닉5(Std 2WD)	342	292	85.4	5.2	58.0	12	180	
	아이오닉5(LR 4WD익스)	390	340	87.2	4.7	72.6	13	225	
	아이오닉5(Std 4WD)	319	280	87.8	4.8	58.0	13	180	
현대자동차	코나(기본형/HP)	405.6	366.0	90.2	5.6	64.08	12	77	○
	코나(기본형/PTC)	405.6	310.2	76.5	5.6	64.08	12		
	코나(경제형)	254.2	188.4	74.1	5.8	39.24	10	50	
	아이오닉(2019/HP)	277	211	76.2	6.3	38.33	13	50	○
	아이오닉(2019/PTC)	277	196	70.8	6.3	38.33	13		
	아이오닉(2018/HP)	200.1	161	80.5	6.3	28.08	12	70	○
	아이오닉(2018/PTC)	200.1	154.2	77.1	6.3	28.08	12		
	아이오닉(2017/N.Q)	191.2	154.5	80.8	6.3	28.08	7		
	아이오닉(2017/I)	191.2	147	76.9	6.3	28.08	7		
	블루온	144	-	-	8.1	16.4	8	40	×

제조사	차종	주행거리		저온 비율	상온 연비	배터리 용량	충전 손실	급속 충전	세제 혜택
		상온	저온						
		km	km	%	km/kWh	kWh	%	kW	
기아 자동차	EV6(LR 2WD)	483	446	92.3	5.4	77.51	13	225	○
	EV6(LR 2WD빌트인캠)	470	–	–	5.3	77.51	13		
	EV6(LR 4WD)	458	414	90.4	5.0	77.51	15		
	EV6(Std 2WD)	377	347	92.0	5.6	58.12	14	180	
	EV6(LR 2WD GT-Line)	445	411	92.4	4.9	77.51	15	225	
	EV6(LR 4WD GT-Line)	407	380	93.4	4.6	77.51	12		
	니로(HP)	385	348.5	90.5	5.3	64.08	12	77	○
	니로(PTC)	385	303	78.7	5.3	64.08	12		
	니로(경제형)	247.7	187.2	75.6	5.5	39.24	13	50	
	쏘울 부스터(기본형)	388	269	69.3	5.4	64.08	11	77	○
	쏘울 부스터(도심형)	254	178	70.1	5.6	39.24	13	50	
	쏘울(2018/HP)	179.6	154.2	85.9	5.2	30	13	50	○
	쏘울(2018/PTC)	179.6	137.7	76.7	5.2	30	13		
	쏘울(2014)	148	123.7	83.6	5.0	27	9		×
	레이EV	91	69.3	76.2	5.0	16.40	10	40	×
르노삼성	ZOE	309	236	76.4	4.8	54.5	15	45	○
	SM3 ZE(2018)	212.7	123.2	57.9	4.5	35.94	24	40	○
	SM3 ZE(2014)	135	83.5	61.9	4.4	26.64	13		×
한국GM	볼트EUV(2022)	403	266 (추정값)	66.0 (추정값)	5.4	65.94	12	–	O
	볼트EV(2020)	414	273	65.9	5.4	65.94	14	55	○
	볼트EV(2017)	383.2	266.3	69.5	5.5	60.9	13		
	스파크EV	128	83	64.8	6.0	18.3	14	45	×
쌍용자동차	코란도 e-motion HP	307	252	82.1	4.9	61.49	2	–	○
쎄미시스코	SMART EV Z	150.0	133.7	89.1	5.8	26.1	0	40	○

제조사	차종	주행거리		저온 비율	상온 연비	배터리 용량	충전 손실	급속 충전	세제 혜택
		상온	저온						
		km	km	%	km/kWh	kWh	%	kW	
BMW	i3 120Ah	248	160	64.5	5.6	37.9	14	50	○
	i3 94Ah	208.2	122.5	58.8	5.4	33.18	14		
	i3 60Ah	132	75.5	57.2	5.9	18.8	16		×
한국닛산	리프(2019)	231	156	67.5	5.1	40.25	11	47	○
	리프(2014)	132.8	85.5	64.4	5.0	23.76	11		×
한불모터스	Peugeot e-208	244	215	88.1	4.4	47.4	15	100	○
	Peugeot e-2008	237	187	78.9	4.3	47.4	14		
	DS3 E-tense	237	187	78.9	4.3	47.4	14		
테슬라	Model S(Standard R.)	367.6	311.2	84.7	4.3	72*	16	150	○
	Model S(Long Range)	487.0	401.8	82.5	4.3	101.5	10		
	Model S(Performance)	479.9	427.7	89.1	4.2	101.5	11		
	Model S(75D)	359.5	284.7	79.2	4.3	72*	14		
	Model S(90D)	378.5	295.7	78.1	3.9	87.5	10		
	Model S(100D)	451.2	369.0	81.8	4.0	101.5	10		
	Model S(P100D)	424	354.3	83.6	3.8	101.5	9		
	Model X(Standard R.)	324	-	-	3.8	72*	16		
	Model X(Long Range)	438	-	-	3.9	101.5	10		
	Model X(Performance)	421	340.7	80.9	3.7	101.5	11		
	Model 3(SRP R HPL)	383.6	304.8	79.5	6.1	56.88	10	250	
	Model 3(LR HPC)	495.7	438.0	88.4	5.6	72	19		
	Model 3(LR HPL)	527.9	440.1	83.4	5.6	84.96	10		
	Model 3(Perf. HPL)	480.1	415.8	86.6	5.1	84.96	10		

제조사	차종	주행거리		저온 비율	상온 연비	배터리 용량	충전 손실	급속 충전	세제 혜택
		상온	저온						
		km	km	%	km/kWh	kWh	%	kW	
테슬라	Model 3(SRP RWD)	352.1	212.9	60.5	5.8	48	21	250	○
	Model 3 (Long Range)	446.1	273.1	61.2	5.0	72	19		
	Model 3 (Performance)	414.8	250.8	60.5	4.7	72	18		
	Model Y(Standard R.)	348.6	279.3	80.1	5.6	56.88	9		
	Model Y(Long Range)	511.4	432.5	84.6	5.4	84.96	10		
	Model Y(Performance)	447.9	393.9	87.9	4.8	84.96	9		
벤츠코리아	EQA 250	302.8	204.2	67.4	4.1	69.73	6	112	○
	EQC 400 4MATIC	308.7	270.7	87.7	3.2	80.3	17		×
재규어	i-Pace EV400	333	227	68.2	3.5	90.02	5	105	×
아우디	e-tron 55 quattro	307	244	79.5	3.0	95.28	7	155	×
	e-tron 50 quattro	210	-	-	2.9	71.46	1	120	
	e-tron 50 SB quattro	220	-	-	3.0	71.46	3		
포르쉐	Taycan Perf. Battery	251	-	-	2.9	79.2	8	225	×
	Taycan Perf. Battery+	289	-	-	2.9	93.4	6	270	

초소형

현재 모델

제조사	차종	주행거리		저온 비율	상온 연비	배터리 용량	충전 손실	세제 혜택
		상온	저온					
		km	km	%	km/kWh	kWh	%	
르노삼성	Twizy(K1J05)	84.1	83.8	99.6	7.9	6.77	36	○
	Twizy(2017)	60.8	64	105.3	7.9	6.77	12	

제조사	차종	주행거리		저온 비율	상온 연비	배터리 용량	충전 손실	세제 혜택
		상온	저온					
		km	km	%	km/kWh	kWh	%	
대창모터스	Danigo	60.8	74.4	122.4	5.3	7.25	37	×
KST일렉	마이브 M1	56.9	52.9	93.0	5.5	10.08	3	○
쎄보모빌리티	CEVO-C SE(2021)	75.4	63.8	84.6	6.3	10.16	15	○
	CEVO-C	66.7	70.4	105.5	6.4	8.07	23	
쎄미시스코	D2	92.6	113.9	123.0	3.7	17.28	31	×

초기 모델

제조사	차종	주행거리	배터리 용량	비고
		km	kWh	
AD모터스	Change	77.9	7.68	리튬폴리머
CT&T	e-Zone	74.7	10.1	리튬인산철
		31.2	11.9	납축전지
지앤디윈텍	i-Plug	80~110(비공인)	12.6	리튬인산철

화물

종류	제조사	차종	주행거리		저온 비율	상온 연비	배터리 용량	충전 손실	세제 혜택
			상온	저온					
			km	km	%	km/kWh	kWh	%	
초소형	쎄미시스코	D2P	101.1	96.2	95.2	5.2	17.4	11	○
		D2C	86.3	67.9	78.7	5.4	13.1	18	
	대창모터스	다니고3	83	72.8	87.7	6.1	13.32	2	○
		다니고3 픽업	92.3	72.9	79.0	6.1	13.32	12	
	마스타 전기차	마스타VAN	64.6	76	117.6	6.1	10.36	2	○

종류	제조사	차종	주행거리		저온 비율	상온 연비	배터리 용량	충전 손실	세제 혜택
			상온	저온					
			km	km	%	km/kWh	kWh	%	
초소형	디피코	포트로	65.3	46.4	71.1	3.8	13.44	22	×
		포트로-탑	79.5	96.4	121.3	4.2	15.7	17	○
		포트로-픽업	79.5	96.4	121.3	4.2	15.7	17	
경형	파워프라자	라보Peace	67.5	71.9	106.5	3.5	17.8	8	○
소형	제인모터스	칼마토EV	85	81	95.3	2.3	34.34	7	○
	파워프라자	봉고3EV Peace	88.6	98.2	110.8	2.4	37*	0	○
	현대자동차	포터II일렉트릭	220	173	78.6	3.1	58.86	17	○
	기아자동차	봉고III 전기차	220	172	78.2	3.1	58.86	17	○
	KACA	LSEV	114.9	99.4	86.5	4.4	26*	0	○
	대창모터스	다니고밴	144.1	125.9	87.4	3.6	40*	0	○
소형 특장	일진정공	일진무시동 전기냉동탑차	149.9	134	89.4	-	58.86	-	○
			186.1	160.1	86.0	-	58.86	-	
	현대자동차	포터II 특장차	179	150	83.8	2.7	58.86	11	○
	기아자동차	봉고III 특장차	181	152	84.0	2.7	58.86	12	○

저온 비율, 충전 손실은 자료를 기반으로 계산됨

일부 차종은 가용 배터리 용량이 보고된 수치보다 작은 것으로 추정

(공식 용량: 테슬라 일부 87.5, 봉고3EV Peace 40.04, LSEV 29.95, 다니고밴 42.5)

자료(주행거리, 상온 연비, 배터리 용량) 출처: 제조사 홈페이지 내 차량 소개, 카탈로그

환경부 저공해차 통합누리집(http://www.ev.or.kr/)

주행거리는 환경부 기준으로 기재

환경부 연도별 "전기자동차 보급 및 충전인프라 구축사업 보조금 업무처리지침"

한국환경공단 수송에너지(http://bpms.kemco.or.kr/transport_2012/)

차종별 일반 제원
종합 비교

고속 승용

제조사	차종	공차 중량	전장 / 전폭	축거 / 전고	윤거전 / 윤거후	굴림 방식	최대 성능 출력	최대 성능 토크	최대 성능 속도
		kg	mm				kW	kgf·m	km/h
현대자동차	제네시스 Electrified G80	2,265	5,005 1,925	3,010 1,475	1,630 1,636	AW	272	71.4	225
	아이오닉5(LR 2WD프레)	1,950	4,635 1,890	3,000 1,605	1,628 1,637	RR	160	35.7	185
	아이오닉5(LR 4WD프레)	2,060				AW	224	61.6	

제조사	차종	외형				모터			
		공차 중량	전장 전폭	축거 전고	윤거전 윤거후	굴림 방식	최대 성능		
							출력	토크	속도
		kg	mm				kW	kgf·m	km/h
현대자동차	아이오닉5(LR 2익스BIC)	1,920	4,635 1,890	3,000 1,605	1,638 1,647	RR	160	35.7	185
	아이오닉5(LR 2WD익스)								
	아이오닉5(Std 2WD)	1,840							
	아이오닉5(LR 4WD익스)	2,030				AW	224	61.6	
	아이오닉5(Std 4WD)	1,950							
	코나(기본형/HP)	1,685	4,180 1,800	2,600 1,570	1,564 1,575	FF	150	40.3	167
	코나(기본형/PTC)								
	코나(경제형)	1,540					100		155
	아이오닉(2019/HP)	1,530	4,470 1,820	2,700 1,475	1,552 1,564	FF	100	30.1	165
	아이오닉(2019/PTC)								
	아이오닉(2018/HP)	1,445	4,470 1,820	2,700 1,450	1,555 1,564	FF	88	30.1	165
	아이오닉(2018/PTC)								
	아이오닉(2017/N,Q)								
	아이오닉(2017/I)								
	블루온	1,100	3,585 1,595	2,380 1,540	1,540 1,540	FF	61	21.4	130
기아자동차	EV6(LR 2WD)	1,930	4,680 1,880	2,900 1,550	1,628 1,637	RR	168	35.7	185
	EV6(LR 2WD빌트인캠)								
	EV6(LR 4WD)	2,040				AW	239	61.7	188
	EV6(Std 2WD)	1,935				RR	125	35.7	185
	EV6(LR 2WD GT-Line)	1,945	4,695 1,890		1,623 1,632		168		
	EV6(LR 4WD GT-Line)	2,055				AW	239	61.7	188

제조사	차종	외형				모터			
		공차중량	전장 전폭	축거 전고	윤거전 윤거후	굴림방식	최대 성능		
							출력	토크	속도
		kg	mm				kW	kgf·m	km/h
기아자동차	니로(HP)	1,755	4,375 1,805	2,700 1,570	1,562 1,572	FF	150	40.3	167
	니로(PTC)								
	니로(경제형)	1,610					100		155
기아자동차	쏘울 부스터(기본형)	1,695	4,195 1,800	2,600 1,605	1,565 1,575	FF	150	40.3	167
	쏘울 부스터(도심형)	1,555					100		155
	쏘울(2018/HP)	1,530	4,140 1,800	2,570 1,600	1,576 1,585	FF	82	29.0	145
	쏘울(2018/PTC)								
	쏘울(2014)	1,508							
	레이EV	1,185	3,595 1,595	2,520 1,710	1,416 1,424	FF	50	17.0	130
르노삼성	ZOE	1,545	4,090 1,730	2,590 1,560	1,510 1,510	FF	100	25.0	140
	SM3 ZE(2018)	1,580	4,750 1,810	2,700 1,460	1,535 1,555	FF	70	23.0	135
	SM3 ZE(2014)								
한국GM	볼트EUV(2022)	1,700	4,305 1,770	2,675 1,615	1,516 1,526	FF	150	36.7	149
	볼트EV(2020)	1,620	4,165 1,765	2,600 1,610	1,507 1,516				
	볼트EV(2017)								
	스파크EV	1,280	3,720 1,630	2,375 1,520	1,410 1,390	FF	105	57.4	145
쌍용자동차	코란도 e-motion HP	1,785	4,450 1,870 (내연기관 버전 기준)	2,675 1,620	1,595 1,620	FF	140	-	163
쎄미시스코	SMART EV Z	820	2,820 1,530	1,765 1,520	1,330 1,315	FF	34	9.9	107

제조사	차종	외형				굴림 방식	모터		
		공차 중량	전장	축거	윤거전		최대 성능		
			전폭	전고	윤거후		출력	토크	속도
		kg	mm				kW	kgf·m	km/h
BMW	i3 120Ah	1,340	4,010 1,775	2,570 1,600	1,571 1,576	RR	125	25.5	150
	i3 94Ah	1,300	3,999 1,775	2,570 1,578	1,571 1,576				
	i3 60Ah								
한국닛산	리프(2019)	1,585	4,480 1,790	2,700 1,540	1,540 1,555	FF	110	32.6	144
	리프(2014)	1,520	4,445 1,770	2,700 1,550	1,530 1,525		80	25.9	140
한불모터스	Peugeot e-208	1,510	4,055 1,745	2,540 1,435	1,500 1,500	FF	100	26.5	150
	Peugeot e-2008	1,625	4,300 1,770	2,605 1,550	1,540 1,540				
	DS3 E-tense	1,600	4,120 1,790	2,560 1,550	1,550 1,560				
테슬라	Model S(Standard R.)	2,176	4,979 1,964	2,960 1,435	1,662 1,700	AW	398	77.0	250
	Model S(Long Range)	2,215							
	Model S(Performance)	2,240					580	116	
	Model S(75D)	2,176					350	61.1	225
	Model S(90D)	2,215					311	67.3	250
	Model S(100D)						451	94.9	
	Model S(P100D)	2,240					500	96.9	
	Model X(Standard R.)	2,460	5,050 2,000	2,965 1,625	1,661 1,699	AW	250	56.1	250
	Model X(Long Range)	2,550					398	77.0	
	Model X(Performance)	2,605					580	116	

제조사	차종	외형				모터			
		공차중량	전장 전폭	축거 전고	윤거전 윤거후	굴림방식	최대 성능		
							출력	토크	속도
		kg	mm				kW	kgf·m	km/h
테슬라	Model 3(SRP R HPL)	1,645	4,694 1,849	2,875 1,443	1,580 1,580	RR	175	38.2	225
	Model 3(LR HPC)	1,830				AW	258	53.7	233
	Model 3(LR HPL)								
	Model 3(Perf. HPL)						340	65.2	261
	Model 3(SRP RWD)	1,625				RR	175	38.2	225
	Model 3 (Long Range)	1,860				AW	258	53.7	233
	Model 3 (Performance)	1,870					340	65.2	261
	Model Y(Standard R.)	1,775	4,751 1,921	2,890 1,624	1,646 1,656	RR	150	35.7	217
	Model Y(Long Range)	2,000				AW	258	53.7	
	Model Y(Performance)						340	65.2	250
벤츠코리아	EQA 250	1,985	4,463 1,834	2,729 1,620	1,585 1,584	FF	140	38.2	160
	EQC 400 4MATIC	2,440	4,770 1,890	2,875 1,620	1,630 1,629	AW	304	77.4	180
재규어	i-Pace EV400	2,285	4,682 2,011	2,990 1,565	1,627 1,647	AW	294	71.0	200
아우디	e-tron 55 quattro	2,615	4,900 1,935	2,928 1,685	1,651 1,651	AW	261	67.7	200
	e-tron 50 quattro	2,460					230	55.1	190
	e-tron 50 SB quattro	2,455		2,928 1,675					
포르쉐	Taycan Perf. Battery	2,195	4,965 1,965	2,900 1,380	1,702 1,665	AW	390	65.3	250
	Taycan Perf. Battery+	2,270					420	66.3	

초소형

제조사	차종	외형				모터			
		공차중량	전장 전폭	축거 전고	윤거전 윤거후	굴림방식	최대 성능		
							출력	토크	속도
		kg	mm				kW	kgf·m	km/h
르노삼성	Twizy(K1J05)	495	2,370 1,237	1,686 1,454	1,094 1,080	RR	12.6	5.8	80
	Twizy(2017)	475.5	2,338 1,237						
대창모터스	Danigo	560	2,300 1,190	1,715 1,485	1,000 1,015	RR	8.1	10.7	80
KST일렉	마이브 M1	595	2,860 1,500	1,815 1,565	1,285 1,330	RR	13.0	9.2	80
쎄보모빌리티	CEVO-C SE(2021)	590	2,430 1,425	1,575 1,550	1,250 1,225	RR	15	11.3	80
	CEVO-C							12.2	
쎄미시스코	D2	660	2,820 1,520	1,765 1,560	1,330 1,305	FF	15	9.2	80

화물

종류	제조사	차종	외형				모터			
			공차중량	전장 전폭	축거 전고	윤거전 윤거후	굴림방식	최대 성능		
								출력	토크	속도
			kg	mm				kW	kgf·m	km/h
초소형	쎄미시스코	D2P	720	3,085 1,495	1,760 1,560	1,315 1,305	FF	15	13.2	80
		D2C	680	3,095 1,495	1,760 1,705	1,325 1,305				
	대창모터스	다니고3	750	3,512 1,500	2,180 1,610	1,300 1,300	RR	14	9.2	75
		다니고3 픽업		3,505 1,500	2,180 1,620					
	마스타전기차	마스타VAN	700	3,150 1,297	2,300 1,685	1,100 1,090	RR	7.5	2.7	78

종류	제조사	차종	외형				모터			
			공차 중량	전장	축거	윤거전	굴림 방식	최대 성능		
				전폭	전고	윤거후		출력	토크	속도
			kg	mm				kW	kgf·m	km/h
초소형	디피코	포트로	750	3,395 1,440	2,400 1,900	1,264 1,204	RR	15	12.2	70
		포트로-탑			2,400 1,870					
		포트로-픽업			2,400 1,860					
경형	파워프라자	라보Peace	840	3,495 1,400	1,840 1,800	1,220 1,210	FR	26	11.0	95
소형	제인모터스	칼마토EV	2,100	5,170 1,820	2,640 2,720	1,485 1,320	FR	90	28.6	93
	파워프라자	봉고3EV Peace	1,810	5,100 1,740	2,615 1,995	1,490 1,340	FR	60	19.7	110
	현대자동차	포터Ⅱ일렉트릭	1,970	5,105 1,740	2,810 1,970	1,485 1,320	FR	135	40.3	115
	기아자동차	봉고Ⅲ 전기차	1,965	5,115 1,740	2,810 1,995	1,490 1,340	FR	135	40.3	115
	KACA	LSEV	1,760	3,690 1,510	2,415 1,860	1,285 1,295	RR	45	18.4	90
	대창모터스	다니고밴	1,300	4,090 1,655	- 1,900	-	RR	59	13.2	109
소형 특장	일진정공	일진무시동 전기냉동탑차	-	5,370 1,740	2,810 2,560	1,485 1,320	FR	135	40.3	115
	현대자동차	포터Ⅱ 특장차	-	5,170 1,745	2,810 2,420	1,485 1,320	FR	135	40.3	115
	기아자동차	봉고Ⅲ 특장차	-	5,210 1,780	2,810 2,420	1,490 1,340	FR	135	40.3	115

자료 출처: 제조사 홈페이지 내 차량 소개, 카탈로그
환경부 저공해차 통합누리집(http://www.ev.or.kr/)
환경부 연도별 "전기자동차 보급 및 충전인프라 구축사업 보조금 업무처리지침"
한국환경공단 수송에너지(http://bpms.kemco.or.kr/transport_2012/)
국내 참고: 다나와 자동차(http://auto.danawa.com/), 카이즈유(https://www.carisyou.com/)
해외 참고: Electric Vehicle Database(https://ev-database.org/)
참고 수치가 상충하는 자료는 가장 신빙성 있는 것으로 선택 또는 보정

굴림 방식
FF: Front Engine Front Drive (전방동력 전륜구동), FR: Front Engine Rear Drive (전방동력 후륜구동)
RR: Rear Engine Rear Drive (후방동력 후륜구동), AW: All Wheel Drive (사륜구동)

종합 판매·등록 대수 통계

연도별 전기자동차 판매·등록 대수

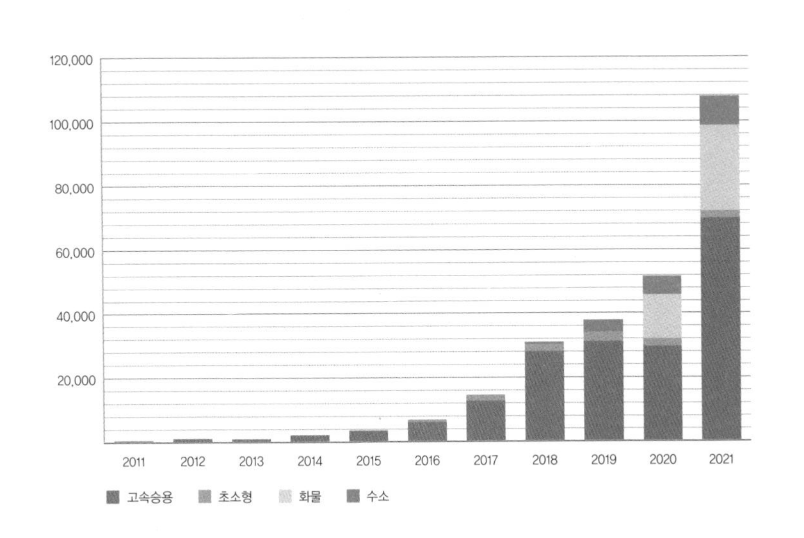

전기자동차 판매·등록 누계

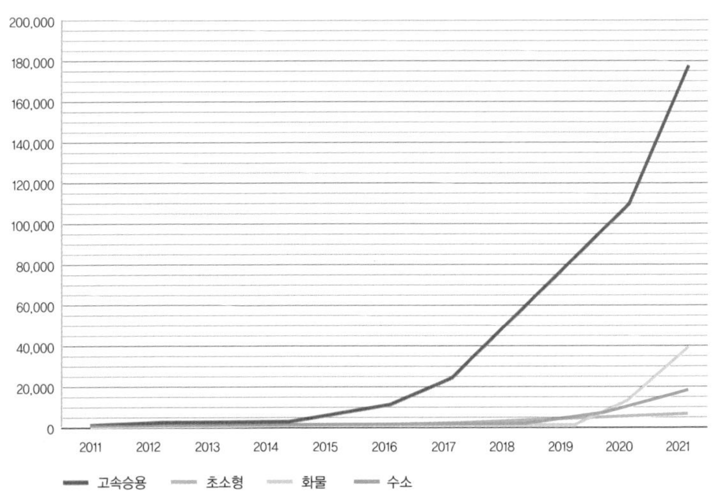

2021년: 1~7월 범위

고속 승용

순위	차종	2011	2012	2013	2014	2015	2016	2017	2018	2019	2020	2021	누계
1	코나								11,193	13,587	8,066	1,540	34,386
2	아이오닉5											22,671	22,671
3	아이오닉						3,749	7,932	5,606	2,060	1,509	단종	20,856
4	테슬라 3									1,604	11,003	8,898	21,505
5	니로								3,433	5,999	3,199	7,220	19,851
6	볼트							563	4,722	4,037	1,579	1,016	11,917
7	EV6											11,023	11,023
8	테슬라 Y											8,891	8,891
9	쏘울				414	1,166	729	2,051	1,746	1,571	380	27	8,084

순위	차종	2011	2012	2013	2014	2015	2016	2017	2018	2019	2020	2021	누계
10	SM3 ZE		17	398	309	1,043	623	2,014	1,235	875	857	단종	7,371
11	e-tron										601	1,473	2,074
12	i3				170	367	369	191	191	251	152	98	1,789
13	테슬라 S							302	438	427	349	18	1,534
14	레이		633	277	202	198	81	42	8	단종			1,441
15	G80											1,353	1,353
16	타이칸										48	1,303	1,351
17	GV60											1,190	1,190
18	테슬라 X							1	149	399	474	21	1,044
19	리프				16	100	88	47	0	669	99	단종	1,019
20	EQC									24	608	341	973
21	조에										192	774	966
22	EQA											886	886
23	EV Z										32	833	865
24	e-2008										105	387	492
25	스파크			40	70	151	100	5	단종				366
26	e-208										107	243	350
27	블루온	236	10	단종									246
28	iX											140	140
29	i-Pace									68	48	22	138
30	EQS											136	136
31	iX3											128	128
32	DS3										9	74	83
33	e-tron GT											80	80
		236	660	715	1,181	3,025	5,739	13,148	28,721	31,571	29,417	70,786	185,199

초소형, 화물, 수소 등

순위	차종	종류	2011	2012	2013	2014	2015	2016	2017	2018	2019	2020	2021	누계
1	포터	화물									124	9,037	15,805	24,966
2	넥쏘	수소								727	4,194	5,786	8,502	19,209
3	봉고	화물										5,125	10,728	15,853
4	트위지	소형						14	691	1,498	1,554	840	298	4,895
5	쎄보C	소형									98	876	650	1,624
6	마이브	소형										77	190	267
7	D2	소형									184	10	14	208
8	투싼	수소						79	60	17	단종			156
9	다니고	소형									45	–	–	45
	합계		0	0	0	0	0	93	751	2,242	6,199	21,751	36,187	67,223

자료 출처

국내 브랜드: 한국자동차산업협회(KAMA) 판매 대수 기준
해외 브랜드: 한국수입자동차협회(KAIDA) 등록 대수 기준
예외(트위지 외 초소형, EV Z, 테슬라): 국토교통부, 한국교통안전공단 등록 대수 기준
정보 조회: 다나와 자동차(http://auto.danawa.com/), 카이즈유(https://www.carisyou.com/),
제조사 홈페이지 내 판매 실적, 보도자료
참고 수치가 상충하는 자료는 가장 신빙성 있는 것으로 선택 또는 보정

충전규격 비중

규격	2011	2012	2013	2014	2015	2016	2017	2018	2019	2020	2021	누계
DC콤보			40	240	518	469	8,691	25,145	27,721	30,797	79,491	173,112
차데모	236	643	277	632	1,464	4,647	2,140	1,754	669	99	0	12,561
AC 3상		17	398	309	1,043	623	2,014	1,235	875	857	0	7,371
테슬라							303	587	2,430	11,826	17,828	32,974
완속 전용						14	691	1,498	1,881	1,803	1,152	7,039
수소 전용						79	60	744	4,194	5,786	8,502	19,365
합계	236	660	715	1,181	3,025	5,832	13,899	30,963	37,770	51,168	106,973	252,422

아이오닉은 2017년부터, 쏘울은 2019년부터 DC콤보 규격으로 집계

연도별 월간 판매 등록 대수 통계

태동기: 2011~2015년

2011년

차종	1월	2월	3월	4월	5월	6월	7월	8월	9월	10월	11월	12월	합계
블루온	–	–	–	–	–	–	2	6	8	18	133	69	236
합계	0	0	0	0	0	0	2	6	8	18	133	69	236

2012년

차종	1월	2월	3월	4월	5월	6월	7월	8월	9월	10월	11월	12월	별도	합계
블루온	6	0	3	1	단종								–	10
SM3 ZE	–	–	–	1	1	3	2	6	0	4	0	0	–	17
레이	–	–	–	–	16	31	58	80	49	11	79	207	102	633
합계	6	0	3	2	17	34	60	86	49	15	79	207	102	660

2013년

차종	1월	2월	3월	4월	5월	6월	7월	8월	9월	10월	11월	12월	별도	합계
SM3 ZE	0	0	0	0	0	0	0	0	3	21	177	197	–	398
레이	0	0	0	0	0	0	0	0	1	45	16	125	90	277
스파크	–	–	–	–	–	–	–	–	–	14	3	23	–	40
합계	0	0	0	0	0	0	0	0	4	80	196	345	90	715

2014년

차종	1월	2월	3월	4월	5월	6월	7월	8월	9월	10월	11월	12월	별도	합계
SM3 ZE	53	7	0	4	5	51	45	14	7	17	14	92	–	309
레이	45	0	0	3	26	56	20	5	16	2	7	13	9	202
스파크	14	2	2	0	0	12	2	8	2	4	19	5	–	70
i3	–	–	1	3	7	22	15	22	5	9	28	58	–	170
쏘울	–	–	–	–	38	107	84	22	42	17	51	53	–	414
리프	–	–	–	–	–	–	–	–	–	–	–	16	–	16
합계	112	9	3	10	76	248	166	71	72	49	119	237	9	1,181

2015년

차종	1월	2월	3월	4월	5월	6월	7월	8월	9월	10월	11월	12월	합계
SM3 ZE	20	15	25	15	83	101	201	180	110	80	50	163	1,043
레이	27	8	0	1	0	24	8	38	31	49	5	7	198
스파크	7	5	1	2	25	4	47	36	7	3	13	1	151
i3	21	14	8	21	39	26	70	44	51	35	18	20	367
쏘울	82	17	16	83	78	221	146	120	153	100	104	46	1,166
리프	0	1	0	0	0	0	46	11	22	8	9	3	100
합계	157	60	50	122	225	376	518	429	374	275	199	240	3,025

❹ 성장기: 2016~2018년

2016년 - 고속 승용

차종	1월	2월	3월	4월	5월	6월	7월	8월	9월	10월	11월	12월	합계
SM3 ZE	3	20	50	90	30	20	30	66	26	95	103	90	623
레이	0	0	3	0	57	0	6	0	0	8	3	4	81
스파크	0	0	1	0	92	1	3	0	2	0	0	1	100
i3	2	12	23	19	12	7	11	14	27	31	109	102	369
쏘울	6	0	37	131	61	75	45	32	90	115	103	34	729
리프	2	10	13	1	1	5	6	9	7	9	19	6	88
아이오닉	–	–	–	–	–	131	574	270	156	349	1,085	1,184	3,749
합계	13	42	127	241	253	239	675	391	308	607	1,422	1,421	5,739

2016년 - 기타

차종	1월	2월	3월	4월	5월	6월	7월	8월	9월	10월	11월	12월	합계
투싼	10	1	0	9	3	4	0	1	0	1	11	39	79
트위지	–	–	–	–	–	–	–	–	–	–	–	14	14
합계	10	1	0	9	3	4	0	1	0	1	11	53	93

2017년 - 고속 승용

차종	1월	2월	3월	4월	5월	6월	7월	8월	9월	10월	11월	12월	합계
SM3 ZE	39	56	55	85	69	100	209	356	266	334	309	136	2,014
레이	3	5	1	0	0	0	10	9	6	4	4	0	42
스파크	0	0	0	0	5	단종							5
i3	8	0	0	0	0	3	0	0	91	51	23	15	191
쏘울	37	116	86	49	138	206	121	117	259	161	663	98	2,051
리프	26	0	0	0	5	0	13	1	2	0	0	0	47
아이오닉	255	304	732	607	517	524	810	959	846	649	961	768	7,932
볼트	–	–	–	121	120	39	55	57	24	41	82	24	563
테슬라 S	–	–	–	–	12	34	1	4	5	26	40	180	302
테슬라 X	–	–	–	–	–	1	0	0	0	0	0	0	1
합계	368	481	874	862	866	907	1,219	1,503	1,499	1,266	2,082	1,221	13,148

2017년 - 기타

차종	1월	2월	3월	4월	5월	6월	7월	8월	9월	10월	11월	12월	합계
투싼	5	0	8	1	6	18	10	4	1	0	7	0	60
트위지	1	5	0	0	0	100	153	0	0	0	0	432	691
합계	6	5	8	1	6	118	163	4	1	0	7	432	751

2018년 - 고속 승용

차종	1월	2월	3월	4월	5월	6월	7월	8월	9월	10월	11월	12월	합계
SM3 ZE	9	64	88	301	104	64	47	82	224	209	40	3	1,235
레이	0	5	2	1	단종								8
i3	2	10	3	50	25	25	16	17	13	11	7	12	191
쏘울	7	97	215	218	203	399	298	249	59	1	0	0	1,746
아이오닉	1,086	949	886	485	548	534	252	113	102	183	187	281	5,606

차종	1월	2월	3월	4월	5월	6월	7월	8월	9월	10월	11월	12월	합계
볼트	0	5	160	322	1,014	1,621	872	631	70	17	3	7	4,722
테슬라 S	28	30	57	11	27	58	9	30	76	6	60	46	438
테슬라 X	0	0	0	1	0	0	0	0	0	1	58	89	149
코나	–	–	–	–	304	1,076	1,317	648	1,382	2,473	2,906	1,087	11,193
니로	–	–	–	–	–	–	90	976	1,066	796	499	6	3,433
합계	1,132	1,160	1,411	1,389	2,225	3,777	2,901	2,746	2,992	3,697	3,760	1,531	28,721

2018년 - 기타

차종	1월	2월	3월	4월	5월	6월	7월	8월	9월	10월	11월	12월	합계
투싼	17	단종											17
트위지	1	50	399	192	174	168	63	49	78	109	128	87	1,498
넥쏘	–	–	11	51	62	55	29	43	49	127	160	140	727
합계	18	50	410	243	236	223	92	92	127	236	288	227	2,242

춘추전국시대: 2019년~

2019년 - 고속 승용

차종	1월	2월	3월	4월	5월	6월	7월	8월	9월	10월	11월	12월	합계
SM3 ZE	0	30	70	97	83	65	99	64	187	42	58	80	875
i3	0	3	20	32	27	38	23	33	28	15	15	17	251
쏘울	0	0	388	361	246	132	109	69	77	93	83	13	1,571
리프	0	0	100	151	152	123	73	24	8	17	11	10	669
아이오닉	21	62	288	133	135	244	236	380	154	112	93	202	2,060
볼트	0	0	650	452	327	250	293	212	179	640	690	344	4,037
테슬라 S	3	7	141	3	31	59	13	12	71	12	34	41	427
테슬라 X	4	10	65	3	34	62	16	16	110	17	17	45	399

차종	1월	2월	3월	4월	5월	6월	7월	8월	9월	10월	11월	12월	합계
코나	388	233	2,151	1,729	1,871	1,325	1,528	1,008	893	1,009	852	600	13,587
니로	0	411	1,044	879	886	737	784	500	382	309	63	4	5,999
i-Pace	17	0	2	0	17	4	2	1	1	0	5	19	68
테슬라 3	-	-	-	-	-	-	-	-	11	0	1,207	386	1,604
EQC	-	-	-	-	-	-	-	-	-	19	2	3	24
합계	433	756	4,919	3,840	3,809	3,039	3,176	2,319	2,101	2,285	3,130	1,764	31,571

2019년 - 기타

차종	1월	2월	3월	4월	5월	6월	7월	8월	9월	10월	11월	12월	합계
트위지	0	74	157	117	337	353	179	22	1	87	167	60	1,554
넥쏘	21	72	151	363	461	478	352	247	454	608	699	288	4,194
다니고	1	3	19	7	7	2	3	2	0	1	0	0	45
D2	1	3	5	4	19	31	10	8	38	12	34	19	184
쎄보C	-	-	-	-	-	-	-	-	1	2	30	65	98
포터	-	-	-	-	-	-	-	-	-	-	-	124	124
합계	23	152	332	491	824	864	544	279	494	710	930	556	6,199

2020년 - 고속 승용

차종	1월	2월	3월	4월	5월	6월	7월	8월	9월	10월	11월	12월	합계
SM3 ZE	3	96	81	139	92	46	124	40	40	27	78	91	857
i3	0	12	21	20	11	5	2	10	11	19	31	10	152
쏘울	1	7	43	47	102	37	23	18	20	14	16	52	380
리프	0	21	73	5	단종								99
아이오닉	2	104	276	121	83	152	181	189	166	103	121	11	1,509
볼트	11	325	430	308	82	129	72	41	64	54	36	27	1,579
테슬라 S	4	1	55	0	45	9	5	29	81	10	74	36	349

차종	1월	2월	3월	4월	5월	6월	7월	8월	9월	10월	11월	12월	합계
테슬라 X	12	30	29	3	46	6	10	42	142	24	78	52	474
코나	35	213	1,391	1,232	531	737	999	870	1,053	451	376	178	8,066
니로	108	181	520	402	458	403	172	132	245	252	133	193	3,199
i-Pace	3	3	5	3	10	3	0	1	10	0	4	6	48
테슬라 3	122	1,402	2,415	2	86	2,812	49	1,248	1,833	56	841	137	11,003
EQC	6	5	2	10	3	89	151	44	23	28	113	134	608
e-tron	-	-	-	-	-	24	394	177	6	0	0	0	601
조에	-	-	-	-	-	-	-	8	128	36	16	4	192
e-208	-	-	-	-	-	-	-	42	34	5	23	3	107
e-2008	-	-	-	-	-	-	-	1	43	35	16	10	105
DS3	-	-	-	-	-	-	-	8	0	1	0	0	9
타이칸	-	-	-	-	-	-	-	-	-	-	6	42	48
EV Z	-	-	-	-	-	-	-	-	-	-	-	32	32
합계	307	2,400	5,341	2,292	1,549	4,452	2,182	2,900	3,899	1,115	1,962	1,018	29,417

2020년 - 기타

차종	1월	2월	3월	4월	5월	6월	7월	8월	9월	10월	11월	12월	합계
트위지	1	94	23	27	79	197	126	48	69	22	121	33	840
넥쏘	81	443	706	795	270	317	700	675	461	640	365	333	5,786
D2	2	0	0	0	2	0	2	4	0	0	0	0	10
쎄보C	4	2	1	12	50	124	65	85	116	115	127	175	876
포터	315	959	765	645	518	250	413	604	1,813	1,341	962	452	9,037
봉고	-	235	652	369	0	82	229	260	981	1,053	430	834	5,125
마이브	-	-	-	-	-	-	-	-	-	-	33	44	77
합계	403	1,733	2,147	1,848	919	970	1,535	1,676	3,440	3,171	2,038	1,871	21,751

2021년 - 고속 승용

차종	1월	2월	3월	4월	5월	6월	7월	8월	9월	10월	11월	12월	합계
i3	3	11	31	15	5	11	5	1	2	0	9	5	98
쏘울	1	23	3	단종									27
볼트	0	43	132	133	307	327	69	5	0	0	0	0	1,016
테슬라 S	2	2	2	2	7	3	0	0	0	0	0	0	18
테슬라 X	8	4	6	1	0	1	0	1	0	0	0	0	21
코나	8	167	809	397	48	0	1	110	단종				1,540
니로	90	164	619	392	1,027	1,294	785	1,038	711	687	286	127	7,220
i-Pace	0	0	4	15	3	0	0	0	0	0	0	0	22
테슬라 3	1	14	3,186	64	126	2,884	17	880	612	3	1,106	5	8,898
EQC	12	13	80	137	67	28	3	0	1	0	0	0	341
e-tron	0	0	44	26	7	49	64	68	111	321	408	375	1,473
조에	1	47	102	66	103	100	117	100	49	39	24	26	774
e-208	0	5	41	19	20	16	24	32	30	35	11	10	243
e-2008	0	13	50	31	28	25	20	42	60	70	28	20	387
DS3	0	0	0	0	4	1	3	13	23	30	0	0	74
타이칸	107	120	150	119	162	257	24	94	93	56	68	53	1,303
EV Z	0	1	95	54	96	123	109	103	111	78	49	14	833
테슬라 Y	7	0	0	9	3,328	1,972	5	1,550	1,594	0	421	5	8,891
아이오닉5	-	-	-	114	1,919	3,667	3,447	3,337	2,983	3,783	2,228	1,193	22,671
EQA	-	-	-	-	-	-	281	106	16	9	174	300	886
G80	-	-	-	-	-	-	35	142	135	536	275	230	1,353
EV6	-	-	-	-	-	-	-	1,910	2,654	2,762	2,202	1,495	11,023
GV60	-	-	-	-	-	-	-	-	-	47	406	737	1,190
EQS	-	-	-	-	-	-	-	-	-	-	2	134	136
iX	-	-	-	-	-	-	-	-	-	-	58	82	140
iX3	-	-	-	-	-	-	-	-	-	-	10	118	128

e-tron GT	–	–	–	–	–	–	–	–	–	–	80	80
합계	240	627	5,354	1,594	7,257	10,758	5,009	9,532	9,185	8,456	7,765	5,009	70,786

2021년 - 기타

차종	1월	2월	3월	4월	5월	6월	7월	8월	9월	10월	11월	12월	합계
트위지	0	29	53	96	39	17	12	15	20	8	6	3	298
넥쏘	142	568	934	1,265	756	751	490	556	939	940	865	296	8,502
D2	0	0	2	2	2	1	2	1	2	1	1	0	14
쎄보C	11	45	119	14	33	62	45	56	69	104	63	29	650
포터	56	1,895	2,462	1,575	1,012	1,554	1,408	1,207	657	1,316	1,519	1,144	15,805
봉고	22	1,446	1,159	955	747	921	933	642	731	1,242	1,361	569	10,728
마이브	0	0	5	13	37	25	25	15	18	27	9	16	190
합계	231	3,983	4,734	3,920	2,626	3,331	2,915	2,492	2,436	3,638	3,824	2,057	36,187

쎄보C SE를 2021년 5월부터 쎄보C에 포함하여 집계

사업자별 충전기 설치 현황

주요 사업자

운영기관	충전소	충전기	전용			복합			완속	급속 비율
			DC 콤보	차데모	AC3상	콤·차·A	콤·차	차·A		
환경부	3,153	5,304	3,391	11	0	1,815	1	86	0	100.0
한국전력	3,971	9,535	873	6	1	2,868	14	1	5,772	39.5
차지비	3,966	10,431	0	0	9	61	0	0	10,361	0.7
파워큐브	3,787	12,978	0	0	6	30	0	0	12,942	0.3
에버온	3,347	8,083	45	0	9	13	3	0	8,013	0.9
지차저	2,231	7,615	0	0	18	62	89	0	7,446	2.2
한충전(해피차저)	1,725	4,309	11	0	0	455	162	0	3,681	14.6
대영채비	883	1,931	165	0	0	408	0	0	1,358	29.7
제주전기차 (JoyEV)	856	2,012	46	0	6	81	161	0	1,718	14.6

운영기관	충전소	충전기	전용			복합			완속	급속 비율
			DC 콤보	차데모	AC3상	콤·차·A	콤·차	차·A		
에스트래픽	834	1,882	113	0	1	105	488	0	1,175	37.6
클린일렉스 (K차저)	742	2,683	84	0	1	9	0	0	2,589	3.5
합계	25,495	66,763	4,728	17	51	5,907	918	87	55,055	17.5

규격	DC콤보	차데모	AC 3상	완속
가용 대수	11,553	6,929	6,045	55,055

제조사·정유사

운영기관	충전소	충전기	전용			복합			완속	급속 비율
			DC콤보	차데모	AC3상	콤·차·A	콤·차	차·A		
기아자동차	68	85	0	1	0	0	35	0	49	42.4
GS칼텍스	79	165	157	0	0	0	5	0	3	98.2
SK에너지	37	94	4	4	0	1	85	0	0	100.0
현대자동차 (e-pit)	20	93	93	0	0	0	0	0	0	100.0
evMost (SK네트웍스)	15	17	9	0	0	8	0	0	0	100.0
합계	219	454	263	5	0	9	125	0	52	88.5

규격	DC콤보	차데모	AC 3상	완속
가용 대수	397	139	9	52

일반 사업자

운영기관	충전소	충전기	전용			복합			완속	급속 비율
			DC콤보	차데모	AC3상	콤·차·A	콤·차	차·A		
이카플러그(이비랑)	734	1,951	3	0	1	23	35	0	1,889	3.2
스타코프	407	1,352	6	0	0	3	0	0	1,343	0.7
한국전기차인프라	392	1,011	0	0	2	0	0	0	1,009	0.2
타디스테크(evPlug)	346	809	3	0	0	7	4	0	795	1.7
삼성EVC	179	392	0	0	1	0	0	0	391	0.3
차지인	122	238	8	0	0	1	0	0	229	3.8
LG헬로비전	108	382	4	4	0	0	0	0	374	2.1
매니지온	91	261	0	0	0	0	0	0	261	0.0
보타리에너지	62	108	2	0	4	26	46	0	30	72.2
이엔	60	123	12	0	0	0	0	0	111	9.8
휴맥스이브이	20	131	13	0	1	7	0	0	110	16.0
시그넷이브이	19	28	0	0	0	16	2	0	10	64.3
한국컴퓨터	10	11	2	0	0	9	0	0	0	100.0
이노케이텍	3	6	0	0	0	0	0	0	6	0.0
CJ대한통운	2	2	2	0	0	0	0	0	0	100.0
블루네트웍스	1	2	2	0	0	0	0	0	0	100.0
기타	90	297	27	0	0	6	0	0	264	11.1
합계	2,646	7,104	84	4	9	98	87	0	6,822	4.0

규격	DC콤보	차데모	AC 3상	완속
가용 대수	269	189	107	6,822

* 주요 사업자와 일반 사업자는 상호 로밍 계약, 충전기 수 등을 고려하여 구분

지방자치단체·공공기관

운영기관	충전소	충전기	전용			복합			완속	급속 비율
			DC콤보	차데모	AC3상	콤·차·A	콤·차	차·A		
제주특별자치도	293	525	11	5	0	267	0	0	242	53.9
대구환경공단	196	286	0	0	0	161	9	0	116	59.4
광주광역시	50	64	0	0	0	15	0	0	49	23.4
서울에너지공사	24	48	26	0	0	4	6	0	12	75.0
울산광역시	21	28	28	0	0	0	0	0	0	100.0
나주시	13	13	0	0	0	13	0	0	0	100.0
서울특별시	13	13	0	0	0	9	0	4	0	100.0
울릉군	8	22	0	0	0	22	0	0	0	100.0
군포시	6	14	0	0	0	12	2	0	0	100.0
익산시	5	10	0	0	0	10	0	0	0	100.0
삼척시	4	4	0	0	0	4	0	0	0	100.0
세종시	4	4	0	0	0	4	0	0	0	100.0
수원시	3	3	0	0	0	3	0	0	0	100.0
전주시	3	3	0	0	0	3	0	0	0	100.0
인천국제공항	2	16	0	0	0	16	0	0	0	100.0
정읍시	2	2	0	0	0	2	0	0	0	100.0
대구광역시	1	1	0	0	0	0	0	0	1	0.0
부안군	1	1	0	0	0	1	0	0	0	100.0
제주에너지공사	1	7	3	3	0	1	0	0	0	100.0
제주테크노파크	1	7	3	3	0	1	0	0	0	100.0
태백시	1	1	0	0	0	1	0	0	0	100.0
한국환경공단	1	2	0	0	0	2	0	0	0	100.0
합계	653	1,074	71	11	0	551	17	4	420	60.9

규격	DC콤보	차데모	AC 3상	완속
가용 대수	639	583	555	420

복합 충전기(여러 규격을 지원하나 동시에 1대만 사용 가능)

콤·차·A: DC콤보, 차데모, AC 3상 지원(2017~2019년에 주로 설치)

콤·차: DC콤보, 차데모 지원

차·A: 차데모, AC 3상 지원(2017년 이전에 주로 설치)

자료 출처

환경부 저공해차 통합누리집(http://www.ev.or.kr/) 2021.07.31. 자료

사업자별 충전요금 변천사

2018년 10월~2020년 6월

지방자치단체 운영 충전기 요금

단위: 원/kWh

운영기관	회원요금	로밍 카드	비고
제주도청 (제주에너지공사)	173.8	환경부, 해피차저, 차지비, 제주전기차	로밍 요금은 회원과 동일
대구환경공단	173.8	해당 없음	기존 회원 카드를 홈페이지 등록 후 사용

회원·로밍 요금체계

단위: 원/kWh, 부가세 포함

카드 \ 기기	환경부	차지비	해피차저	제주전기차	차징메이트	대영채비	에버온	지차저	파워큐브	SK일렉링크	한국전력[4]
환경부	**173.8**	**173.8**	200	173.8	173.8	173.8	173.8	173.8	173.8	173.8	173.8
차지비	**173.8**	250[1]	310	310	310	310	310	310	310	–	250
해피차저	**173.8**	310	**173.8**	310	310	310	310	310	310	310	**173.8**
제주전기차	**173.8**	298	298	**159.8**	298	298	298	298	298	**173**	–
차징메이트	**173.8**	270	270	260	**170**[5]	270	270	270	270	–	–
대영채비	**173.8**	260	260	260	260	**139**	260	260	260	–	**173.8**
에버온	**173.8**	260	260	260	260	260	**101.3**[3]	260	260	260	**173.8**
지차저	**173.8**	295	295	295	295	295	295	**58.3**[3]	295	–	–
파워큐브	**173.8**	300	300	300	300	300	300	300	**56.6**[3]	310	–
SK일렉링크	**173.8**	–	–	173.8	–	–	–	–	–	**173**[2]	**173.8**

출처: 충전사업자 홈페이지 내 안내·공지
일부 로밍 요금은 2018년 10월 이후 확정
요금 수준 : **제일 저렴** / 일반

(1) 차지비 설치유형별 요금

유형	요금(원/kWh)
아파트	169
공공기관	179
기타 상업시설, 한전 로밍	250

심야: 23:00–09:00
주간: 09:00–23:00
충전 시작 시각 기준으로 일괄부과

(2) SK일렉링크 충전 속도별 요금

유형	요금(원/kWh)
완속(7kW)	159
급속(50kW)	173
초급속(100kW)	250 → 173

(3) 고정형 완속 충전기의 평균 요금(세부 내용은 계시별 요금체계 참조)

(4) 한국전력(KEPCO)은 홈페이지 등록한 간편결제용 카드 사용 기준

(5) 2018년 말까지 경부하 요금은 120원 한시 적용

계시별 요금체계

단위: 원/kWh, 부가세(10%) 포함

계약구분		저압			고압		
부하		경부하	중간부하	최대부하	경부하	중간부하	최대부하
여름 (6~8월)	한전(APT)	–	–	–	91.96	141.90	191.73
	한전(비공용)(1)	31.68	79.92	127.88	28.88	60.89	90.04
	매니지온(이동)	–	–	–	28.33	47.47	94.55
	매니지온(고정)	–	–	–	42.90	75.90	91.30
	지오라인(1)	–	–	–	34.71	56.76	68.48
	파워큐브(이동)(1)	31.68	84.87	127.88	28.88	60.89	90.04
	파워큐브(고정)	44	91	120	40	70	84
	지차저	47.08	92.19	120.29	42.93	70.21	84.70
	에버온	–	–	–	57	145	232
	K차저	45.0	88.1	114.9	41.0	67.1	80.0
	이비랑(APT/기타)	–	–	–	49/98	69/138	88/176
	evPlug (APT/기타)	–	–	–	40.3	65.8	82.2

계약구분		저압			고압		
부하		경부하	중간부하	최대부하	경부하	중간부하	최대부하
봄, 가을 (3~5, 9~10월)	한전(APT)	–	–	–	92.51	99.33	102.08
	한전(비공용)(1)	32.29	38.78	41.47	29.43	35.37	37.51
	매니지온(이동)	–	–	–	29.43	35.37	37.51
	매니지온(고정)	–	–	–	37.40	45.10	47.30
	지오라인(1)	–	–	–	29.43	35.37	37.51
	파워큐브(이동)(1)	32.29	38.78	41.47	29.43	35.37	37.51
	파워큐브(고정)	39	47	50	34	43	45
	지차저	39.94	47.96	51.30	36.40	43.75	46.40
	에버온	–	–	–	58	70	75
	K차저	38.2	45.8	49.0	34.8	41.8	44.3
	이비랑(APT/기타)	–	–	–	49/98	51/103	52/105
	evPlug (APT/기타)	–	–	–	34.1	41.0	45.0
겨울 (11~2월)	한전(APT)	–	–	–	105.05	132.22	167.86
	한전(비공용)(1)	44.39	70.51	104.94	38.45	55.55	76.34
	매니지온(이동)	–	–	–	37.68	43.34	80.14
	매니지온(고정)	–	–	–	51.70	67.10	75.90
	지오라인(1)	–	–	–	39.99	50.44	58.14
	파워큐브(이동)(1)	44.39	70.51	104.94	38.45	55.55	76.34
	파워큐브(고정)	55	79	90	48	62	70
	지차저	57.08	79.19	98.85	49.46	62.39	71.91
	에버온	–	–	–	80	128	190
	K차저	54.5	75.7	94.4	47.3	59.6	68.7
	이비랑(APT/기타)	–	–	–	54/108	64/129	78/157
	evPlug (APT/기타)	–	–	–	46.4	58.5	69.8

출처: 충전사업자 홈페이지 내 안내·공지
㈜매니지온 서비스 명칭: 고정형 - 매니지온, 이동형 - 이볼트
㈜파워큐브코리아 서비스 명칭: 고정형 - 큐브차저, 이동형 - 파워큐브
저/고압 구분 없는 곳: 한전(APT), 매니지온(고정형), 에버온, 이비랑
고압 계약만 설치: 매니지온(이동형), 지오라인

(1) 2020년 6월까지 기준 요금에서 50% 할인 적용

완속(고정형) 대 급속 충전 요금 비교표

유형		에버온	지차저	파워큐브	K차저	이비랑	evPlug	매니지온
완속	평균	101.3	58.3	56.6	56.2	87.9	49.9	55.1
	최소	57	36.4	34	34.8	49	34.1	37.4
	최대	232	120.3	120	114.9	176	82.2	91.3
급속(고정)		173.8	173.8	173.8	173.8	310	-	-

완속 평균 요금은 각 종류, 계절, 시간을 통합적으로 고려한 가중치 기준
지차저가 경기도 사업으로 설치한 완속 충전기는 급속 요금 적용

기본료가 부과되는 사업자의 월 기본료 비교표

단위: 원

사업자	한전 고압 기본요금	통신 요금	서비스 이용요금	기본요금 합계	월 소비량 기준(kWh)
한전(비공용)	0	0	0	0	
지오라인	0	0	11,000	11,000	
파워큐브(이동)	0	5,500	5,500	11,000	
매니지온(이동)	0	5,500	1,650	7,150	0~50
			3,300	8,800	51~200
			4,400	9,900	201~

한전 기본요금 기준: 2,580원/kW(세금 등 제외), 2020년 6월까지 100% 할인

비회원 요금체계

단위: 원/kWh

<table>
<tr><th>사업자</th><th colspan="2">회원 요금</th><th>비회원 요금</th></tr>
<tr><td>환경부</td><td colspan="2">173.8</td><td>173.8</td></tr>
<tr><td>해피차저(한충전)</td><td colspan="2">173.8</td><td>430</td></tr>
<tr><td>차지비</td><td colspan="2">250</td><td>430</td></tr>
<tr><td>KEPCO Plug(한전)</td><td colspan="2">173.8</td><td>173.8</td></tr>
<tr><td>대영채비</td><td colspan="2">139</td><td>430</td></tr>
<tr><td>JoyEV(제주전기차)</td><td colspan="2">159.8</td><td>430</td></tr>
<tr><td rowspan="2">에버온</td><td>완속</td><td>57~232</td><td rowspan="2">260</td></tr>
<tr><td>급속</td><td>173.8</td></tr>
<tr><td rowspan="2">SK일렉링크(S트래픽)</td><td>완속</td><td>159</td><td rowspan="2">330</td></tr>
<tr><td>급속</td><td>173</td></tr>
<tr><td>매니지온 고정형</td><td colspan="2">37.4~91.3</td><td>296</td></tr>
<tr><td>이비랑 완속</td><td colspan="2">49~176</td><td>173</td></tr>
<tr><td>evPlug 완속</td><td colspan="2">34.1~82.2</td><td>330</td></tr>
</table>

출처: 충전사업자 홈페이지 내 안내·공지

2020년 7월~2021년 6월

지방자치단체 운영 충전기 요금

단위: 원/kWh

운영기관	회원요금	로밍 카드	비고
제주도청 (제주에너지공사)	250	환경부, 해피차저, 차지비, 제주전기차	로밍 요금은 회원과 동일
대구환경공단	255.7	해당 없음	기존 회원 카드를 홈페이지 등 록 후 사용

회원·로밍 요금체계

단위: 원/kWh, 부가세 포함

카드 \ 기기	환경부	차지비	해피차저	제주전기차	대영채비	에버온	지차저	파워큐브	SK일렉링크	K차저	한국전력(4)
환경부	**255.7**	**255.7**	**255.7**	255.7	255.7	255.7	255.7	255.7	**255.7**	255.7	255.7
차지비	**255.7**	269(1)	360	380	360	360	380	380	340	360	269(1)
해피차저	**255.7**	350	**255.7**	350	350	350	350	350	350	350	255.7
제주전기차	**255.7**	380	340	**240**	380	380	380	380	340	380	**240**
대영채비	**255.7**	360	350	380	**235**	360	375	380	360	350	255.7
에버온	**255.7**	360	360	360	360	**169.2**(3)	360	360	360	360	255.7
지차저	**255.7**	375	375	375	375	375	**147.2**(3)	375	375	375	–
파워큐브	**255.7**	380	380	380	380	380	380	**183.3**(3)	380	–	–
SK일렉링크	**255.7**	340	360	340	360	360	380	380	**249.9**(2)	350	255.7
K차저	**255.7**	360	350	380	350	360	375	–	350	**149.3**(3)	–

출처: 충전사업자 홈페이지 내 안내·공지

로밍 요금은 2020년 9월 확정, 2021년 7월 이후는 추후 공지

요금 수준 : **제일 저렴** / 일반

(1) 차지비 설치유형별 요금

유형	요금(원/kWh)
아파트	229(심야) / 249(주간)
공공기관	239(심야) / 259(주간)
기타 상업시설, 한전 로밍	249(심야) / 269(주간)

심야: 23:00–09:00

주간: 09:00–23:00

충전 시작 시각 기준으로 일괄부과

(2) SK일렉링크 충전 속도별 요금

유형	요금(원/kWh)
완속(7kW)	159
급속(50kW)	249.9
초급속(100kW)	

(3) 고정형 완속 충전기의 평균 요금(세부 내용은 계시별 요금체계 참조)

(4) 한국전력(KEPCO)은 홈페이지 등록한 간편결제용 카드 사용 기준

계시별 요금체계

단위: 원/kWh, 부가세(10%) 포함

계약구분		저압			고압		
부하		경부하	중간부하	최대부하	경부하	중간부하	최대부하
여름 (6~8월)	한전(APT)	–	–	–	182.27	227.15	255.75
	한전(비공용)[1]	41.86	111.66	181.07	37.81	84.13	126.31
	매니지온(이동)	–	–	–	50.99	85.44	170.18
	매니지온(고정)	–	–	–	156.0	219.0	249.8
	파워큐브(고정)[2]	153.4	206.1	239.0	139.8	176.8	198.7
	지차저[3]	128.97	192.12	231.45	128.17	166.36	186.65
	에버온	–	–	–	138.9	192.9	229.9
	K차저	134.1	186.9	219.8	133.4	165.3	182.2
	이비랑(APT/기타)	–	–	–	120/140	180/210	230/268
	evPlug (APT/기타)	–	–	–	132/180	187/237	220/274
봄, 가을 (3~5, 9~10월)	한전(APT)	–	–	–	167.31	175.45	178.86
	한전(비공용)[1]	42.74	52.13	56.03	38.60	47.20	50.30
	매니지온(이동)	–	–	–	52.97	63.66	67.52
	매니지온(고정)	–	–	–	136.0	164.0	189.8
	파워큐브(고정)[2]	165.2	169.4	179.5	161.5	169.4	179.5
	지차저[3]	118.96	130.20	134.87	119.02	129.31	133.03

계약구분		저압			고압		
부하		경부하	중간부하	최대부하	경부하	중간부하	최대부하
봄, 가을 (3~5, 9~10월)	에버온	–	–	–	139.9	164.9	169.9
	K차저	125.8	135.2	139.1	125.7	134.3	137.4
	이비랑(APT/기타)	–	–	–	120/140	130/152	130/152
	evPlug (APT/기타)	–	–	–	134/184	160/209	167/213
겨울 (11~2월)	한전(APT)	–	–	–	194.15	213.29	255.75
	한전(비공용)(1)	60.25	98.05	147.88	51.65	76.41	106.49
	매니지온(이동)	–	–	–	67.82	78.01	144.24
	매니지온(고정)	–	–	–	188.0	209.0	236.0
	파워큐브(고정)(2)	181.3	214.9	259.7	175.5	193.7	228.2
	지차저(3)	142.97	173.92	201.45	137.31	155.41	168.74
	에버온	–	–	–	149.9	187.9	212.9
	K차저	145.8	171.7	194.7	141.0	156.1	167.3
	이비랑(APT/기타)	–	–	–	130/152	170/199	210/245
	evPlug (APT/기타)	–	–	–	143/194	180/232	207/257

출처: 충전사업자 홈페이지 내 안내·공지

㈜매니지온 서비스 명칭: 고정형 – 매니지온, 이동형 – 이볼트

㈜파워큐브코리아 서비스 명칭: 고정형 – 큐브차저, 이동형 – 파워큐브

저/고압 구분 없는 곳: 한전(APT), 매니지온(고정형), 에버온, 이비랑

고압 계약만 설치: 매니지온(이동형), 지오라인

스타코프 일반회원은 173.8원/kWh 고정

(1) 같은 요금 적용: 파워큐브(이동형), 지오라인(고압), 스타코프(구매회원)

2021년 6월까지 기준 요금에서 30% 할인 적용 및 전력기금(3.7%) 포함

기후환경요금 및 연료비조정요금 제외(분기별 변동)

(2) 계약 2년 후 250원/kWh로 일괄 적용

(3) 계약 2년 후 다음 요금으로 적용

단위: 원/kWh

계절	저압			고압		
	경부하	중간	최대	경부하	중간	최대
여름	209.98	273.13	312.47	209.19	247.38	267.67
봄, 가을	199.98	211.22	215.89	200.04	210.33	214.04
겨울	223.98	254.94	282.47	218.33	236.43	249.76

완속(고정형) 대 급속 충전 요금 비교표

유형		에버온	지차저	파워큐브	K차저	이비랑	evPlug	매니지온
완속	평균	169.2	147.2	183.3	149.3	161.2	188	185.3
	최소	138.9	119.0	139.8	125.7	120	132	136.0
	최대	229.9	231.5	259.7	219.8	268	274	249.8
급속(고정)		255.7	255.7	255.7	255.7	390	250	-

완속 평균 요금은 각 종류, 계절, 시간을 통합적으로 고려한 가중치 기준
지차저가 경기도 사업으로 설치한 완속 충전기는 급속 요금 적용
이비랑 급속은 서울 강남권에서 430원/kWh

기본료가 부과되는 사업자의 월 기본료 비교표

단위: 원

사업자	한전 고압 기본요금	통신 요금	서비스 이용요금	기본요금 합계	월 소비량 기준(kWh)
한전(비공용)	4,400	0	0	4,400	3kW 계약
	10,260			10,260	7kW 계약
지오라인	4,400	0	11,000	15,400	
파워큐브(이동)	4,400	5,500	5,500	15,400	
스타코프(구매)	4,400	0	2,200	6,600	
매니지온(이동)	4,400	5,500	1,650	11,550	0~50
			3,300	13,200	51~200
			4,400	14,300	201~

한전 기본요금 기준: 2,580원/kW(세금 등 제외), 2021년 6월까지 50% 할인

비회원 요금체계

단위: 원/kWh

<table>
<tr><th>사업자</th><th colspan="2">회원 요금</th><th>비회원 요금</th></tr>
<tr><td>환경부</td><td colspan="2">255.7</td><td>255.7</td></tr>
<tr><td>해피차저(한충전)</td><td colspan="2">255.7</td><td>430</td></tr>
<tr><td rowspan="2">차지비</td><td>심야</td><td>229~249</td><td rowspan="2">430 → 330</td></tr>
<tr><td>주간</td><td>249~269</td></tr>
<tr><td>KEPCO Plug(한전)</td><td colspan="2">255.7</td><td>255.7</td></tr>
<tr><td>대영채비</td><td colspan="2">235</td><td>430</td></tr>
<tr><td>JoyEV(제주전기차)</td><td colspan="2">240</td><td>480</td></tr>
<tr><td rowspan="2">에버온</td><td>완속</td><td>138.9~229.9</td><td rowspan="2">320</td></tr>
<tr><td>급속</td><td>255.7</td></tr>
<tr><td rowspan="2">SK일렉링크(S트래픽)</td><td>완속</td><td>159</td><td rowspan="2">430</td></tr>
<tr><td>급속</td><td>249.9</td></tr>
<tr><td>매니지온 고정형</td><td colspan="2">136.0~249.8</td><td>400</td></tr>
<tr><td>이비랑 완속</td><td colspan="2">120~268</td><td>255</td></tr>
<tr><td>evPlug 완속</td><td colspan="2">132~274</td><td>400</td></tr>
<tr><td>스타코프 차지콘</td><td colspan="2">37.8~181.1</td><td>220</td></tr>
</table>

출처: 충전사업자 홈페이지 내 안내·공지
2020년 9월 1일 확정